猫ゴコロ

気持ちが分かれば
にゃんと幸せ！

ワイ ワイ ワイ
かわいい～
妹が友達から子猫もらったの
奥は前から飼ってるアメショーね
いいなー
ユカが飼ってるの？
ううん 実家にいる ペット可のアパートで飼おうとしたけど…
猫が嫌がって…
フーッ
そんなにイヤなの？
すき間から威かく
なぜか私にはなついてくれないの
相性悪いのかな～
はー…
逃ー!!
そういえば 早川先輩も猫好きだよね
よく野良猫追いかけて…
あっ 噂をすれば…

遅くなってごめん〜
やっぱり先輩かっこいいね
どもっ
よっ おつかれっ
ステキ〜
その傷は？
ああ これ
ぴくっ
さっきケガした野良猫を
保護した時にね
もう大丈夫だよ
にゃ〜
先輩やさし〜
でもうちペット禁止だし
どうしようかな…
ガタンッ
私が飼います！
えっ！

もくじ

第１章　猫との出会い

第２章　猫との生活

第３章　猫のケア

第４章　猫の食事

第5章　猫の健康

人物紹介

山田 ユカ (30)
ブブ (オス・3)

元気ハツラツ！友達が多く仕事も遊びも勢いでこなす。猫が大好きなのに、肝心の猫にはなかなか好かれない。

山田 マユ (28)
レオ (オス・7) ／モモ (メス・生後 2ヵ月)

何事もコツコツとマジメにこなす優等生。姉のユカが連れてくる猫を引き受けているうちにすっかり猫博士に。

早川 俊彦 (33)

ユカの大学時代の先輩。イケメンで仕事もできるのに、猫のことになるとメロメロになってしまう。

田中 佳子 (45)

ユカのマンションの隣に住むおばさん。このエリアの世話役として猛威をふるっている。猫の飼い主に厳しい。

加藤 亮太 (26)

トリマーの資格も持つ猫カフェの店員。さわやかな好青年で、猫の相談を受けるうちにマユと仲良くなる。

第1章　猫との出会い

これからの日々を一緒に過ごす猫。
その特徴を知ってしっかりと準備し
猫との楽しい暮らしを始めましょう。

ユカの実家
ゴロゴロゴロ
お姉ちゃんがいないと静かね～
RRRR
お姉ちゃん？
もしもし…
たすけてー!!
ビクーッ
ぽーん
落ち着いて！すぐにそっち行くから
わっ大丈夫!?
こわい～
またアイツかにゃ…
フー
ユカの部屋
ピンポーン
？出ない…
はっ
カギあいてる
ガチャ
ぎぃぃぃ…
お姉ちゃーん？
入るわよー
う！

もわわ〜ん
こ これは…
ぷ〜ん
うわ〜
きゃっ
ひゅん
な何？
ずももも
ギラ
この物体は…？
あっマユ！
ボロ
助けて——!!
どうしていいかわからなくて〜
え〜ん
なにあれ？
タヌキ？モップ？ボロ雑巾？
猫だよ
猫!?
こんなことがあってさ…

…で
てち
てち
ギローン
飼うの？
うん 頑張る
ふぁ〜〜
またまた〜 そんなこと言って…
レオの時もそう言って 結局世話したの私じゃない!!
かわいい〜♡
今流行のアメショーです
あと よろしくね
ちょっと
だってなつかないし しょうがないじゃん…
ぷい
でも今度はうまくいくかも！
その自信はどこからくるのよ
私 先輩と約束したの！ 何があってもこの子飼う!!
出たよ 泣きおとし
ガシッ
お願い!! 力を貸して〜
あんたの好きなスイーツ食べ放題おごるから〜
ぴく
も…も〜 しょうがないわね…
に

じゃあまずは
捕獲ね
洗濯ネット
ネコじゃらし
ほかく?
なんにゃ?
おもちゃで誘って…
ほれ ほれ
ギラッ
ストンッ
降りてきたら…
捕獲ッ
スポンッ
ファスナーをすぐ閉める!
こうするとおとなしくなる
じゃ
もご
もご
ほんとだ…
ウソみたい
しーん
家からキャリーバッグ持ってくるから
まず病院へ
病院?
ケガや病気がないか診てもらうの
猫を拾った時の原則よ
おお——
たのもしいぞ
我が妹よ

猫を飼う前に

命を預かる責任を持って
猫と楽しく暮らそう

愛らしく、見ているだけで癒される猫。しかし、一緒に暮らすにはかわいいだけでは済みません。毎日、トイレや食事の世話をし、健康管理やトラブル対策も必要です。

猫を飼うのは、命を預かること。どんな時でも責任を持つという決意が、猫との楽しい生活の第一歩になります。

猫にかかる費用は？

猫を育てるには、飼い始めに揃えるグッズ代が3～5万円（猫の購入費を除く）、フード代やトイレの砂代が月に約5千円ほど必要になります。さらに、健康診断などの医療費、旅行時のペットホテル代などが別途必要になることも。猫を飼う前に経済面での検討も必要です。

月の平均出費は
医療費含めて
15,000円

猫の寿命は？

室内飼いの猫の平均寿命は約15年、なかには20年以上長生きする猫もいます。室内飼いでも外出自由な猫は約12年に。また、野良猫の平均寿命は2～3年ととても短く、生活スタイルで猫の寿命は大きく変わります。

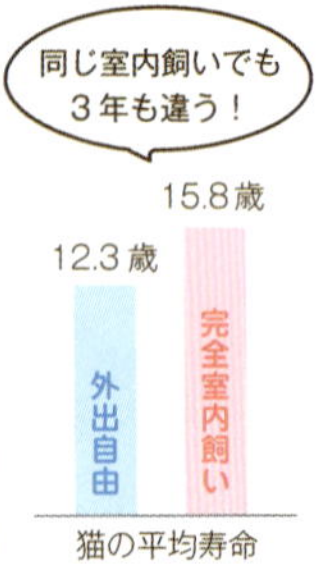
同じ室内飼いでも
3年も違う！
12.3歳
15.8歳
外出自由
完全室内飼い
猫の平均寿命

※ペットフード協会『平成23年全国犬猫飼育実態調査』より

飼う前に考えるポイント

猫を飼ったら毎日の暮らしがどう変わるのかを考えましょう。家族がいる人はきちんと話し合い、全員が賛成していることが大切です。

世話ができるか？

猫を飼うにはトイレや食事など、毎日の世話が欠かせません。それだけの時間と面倒が見続けられるのかを十分に考えましょう。

猫が飼える環境か？

集合住宅の場合は、ペット可の物件か必ず確認を。ペット可でも「猫は爪とぎをするので禁止」という場合もあるので注意しましょう。

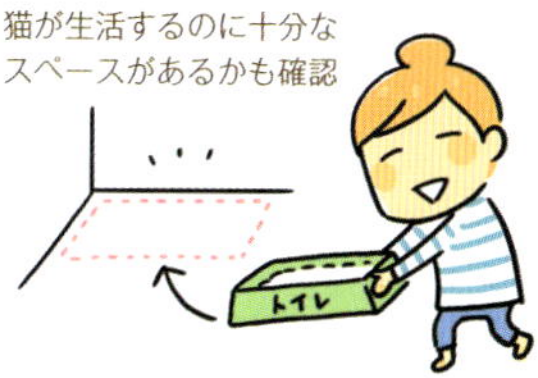

最後まで面倒が見られるか？

猫とともに生活するのは10年以上。その間、自分自身の生活環境が変わる可能性も考慮して、最後まで世話ができるかを考えましょう。

どんな猫が合っているか？

猫は性別や品種によって性格やケアの手間などが変わります。成猫になってどのくらいのケアが必要になるかも確認しましょう。

オスとメスの違い

個体差はありますが、オスかメスかで性格や体型も異なります。以下を参考に、猫の特徴や個性を入手先に確認しましょう。

	オス	メス
性格	喜怒哀楽がはっきりしていて、甘えん坊で素直。やんちゃで子どもっぽい。	慎重派で控えめ。独立心があり、クールな面も。オスより大人びている。
顔つき	エラが張り、メスよりも大きめの顔に。まぶたが厚くなり、目が鋭い。	ぱっちりした目とスッキリした顔立ちで、それほど大きくはならない。
体型	成猫になると筋肉が発達し、がっちりした体つきに。メスよりもひとまわりほど大きくなる。	オスよりも小さく、上半身よりも下半身に肉がつく。脂肪がつきやすく、やわらかな感触。
行動範囲	メスよりも行動範囲が広く、外へ出たがる。去勢していないとメスを探し求めて遠征することも。	オスに比べて行動範囲が狭く、運動量も少ない。

※オスは発情期前に去勢すると、メスとの外見の差はあまり出なくなります。

猫には被毛が長い長毛種と短い短毛種があり、長毛種は美しくエレガントですがケアに手間がかかります。メリット・デメリットを考えて選びましょう。

猫を拾ったら

子猫や弱っている猫と出会った場合、手を差し伸べるなら最後まで責任を持って対処しましょう。安易に拾うと、猫も人も困ることに。

猫の所在を確認

猫を見つけたら、そばに親猫がいないかまず確かめましょう。飼い猫の可能性もあるので、交番や動物愛護センター、張り紙やインターネットなどで確認も。

自分で飼う場合

今後責任を持って世話ができるか十分に検討し（→P15）、ケガや病気がないか病院で検査してもらいましょう。

里親を探す場合

知り合い、動物病院やインターネットで里親を募集します。動物愛護センターに希望者がいないか相談してみるのも。

里親探しの張り紙は、迷い猫探しの張り紙（→P42）と同じポイントを押さえ、タイトルを「里親募集」などに変えて作りましょう。

猫種カタログ

個体差はありますが、猫種によって個性はさまざま。入手先から性格やケアについて聞き、ぴったりの猫を見つけましょう。

スコティッシュフォールド

丸みをおびた顔に垂れ耳が愛らしく、全体的に丸みのある体型。性格は温和。なかには立ち耳の子も。

アメリカンショートヘア

体が丈夫で骨太。身体能力が高く、運動量も多めです。陽気で従順な性格。タビーと呼ばれる模様が特徴的。

マンチカン

胴が長く足が短い、愛嬌のある体型で、猫のダックスフンドと呼ばれています。性格は陽気で外向的。

ペルシャ

シルキーな手触りの被毛と青い瞳を持ち、その美しい外見から猫の王様といわれます。穏やかで静かな性格。

アビシニアン

金色の被毛が美しく、動きもしなやかで優雅。愛らしい鳴き声で好奇心旺盛ですが、やや神経質なところも。

ロシアンブルー

光沢のある被毛はビロードのよう。スリムでしなやか、高貴な雰囲気。おとなしくてあまり鳴きません。

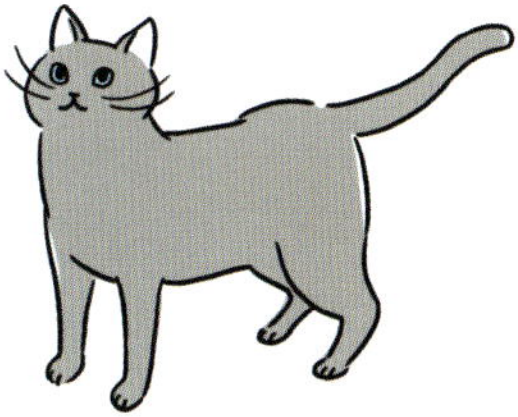

日本猫

古くから日本にいた、小柄で温和な猫。外来種の影響で純血が少なくなっているため、希少です。

猫を入手するポイント

猫の健康状態や性格を自分の目で確かめる

これから一緒に生活していく猫は、健康で元気な子であってほしいもの。実際に入手先に足を運び、猫の様子や養育環境を自分の目で確かめながら選びましょう。

質問に丁寧に答えてくれるかもいい入手先かのポイント

猫のチェックポイント

猫の健康状態をしっかり確認しましょう。元気に遊んでいるかも大事なポイント。

耳
耳あかで汚れていないか
においがないか
目
目ヤニや涙目、充血、
白い膜などがないか
おしり
肛門が汚れていないか
引き締まっているか
鼻
鼻水が出ていないか
くしゃみをしていないか
口
口臭やよだれがないか
毛並み
毛ヅヤがよいか
薄いところや脱毛している
ところがないか
体
抱いた時にしっかりとした
重みを感じるか

猫の入手先

猫は養育環境で心身の状態が左右されます。実際に入手先の環境を確認し、誠意のある人のもとで元気に育てられた猫を選びましょう。

ペットショップ

純血種の子猫を見比べて選べます。スタッフの態度や、飼育環境が衛生的で猫に対する配慮が行き届いているかを確認しましょう。

ブリーダー

純血種を繁殖している専門家なので、猫種の特徴や世話の仕方なども詳しく教えてくれます。対応が誠実で信頼できる人かも大切。

知人

親猫の健康状態、持病の有無、完全室内飼いかなどの飼育環境も聞きましょう。譲り受けるのは離乳後である生後２～３ヵ月後に。

動物愛護センター

行政が管理している愛護センターから譲り受ける方法も。さまざまな理由で収容されているので、保護された経緯を確認して。

猫は自分や母猫のにおいがするものがあると安心します。入手先で使っていた布やトイレの砂などを譲ってもらうと飼いはじめがスムーズになります。

グッズを揃える

基本のグッズを揃え安心して猫を迎えよう

猫を飼うことが決まったら、迎える前に基本のグッズを揃えておきましょう。

猫は環境の変化が苦手。食事やトイレ、ベッドなどの生活必需品をきちんと整え、猫が新しい環境にスムーズに慣れるよう、準備しておくことが大切です。

グッズ選びのポイント

以下の3点を押さえましょう。

・猫種に合ったもの

それぞれの猫種の特徴に合わせたグッズを選ぶと、猫もケアする人間も使いやすく便利です。

・丈夫で安全なもの

猫が爪を立てたり、かじっても破損しない丈夫なものを。

・清潔で手入れしやすいもの

きれい好きな猫のために、洗浄しやすい、衛生的なグッズを揃えましょう。

子猫のうちから慣らす

猫は成長すると、警戒心が強くなります。特にキャリーバッグやケージ、首輪、ケアグッズなどは成猫になってからだと抵抗し、うまく使えないことも。使いたいグッズは子猫のうちから慣らすようにしましょう。猫のストレス緩和にもなります。

揃えておきたい　はじめての猫グッズ

グッズは種類が豊富なので、ペットショップの人に相談して、それぞれの猫種に合ったものを選びましょう。

食器

フード用と飲み水用の２つが必要。猫が鼻で押しても動かない、重みのあるものがオススメ（→ P39）。

子猫の時は高さが低めのものを

トイレ・トイレの砂

フード付きはにおいをガードする効果が。砂は機能性や猫の好みで選びましょう（→ P40~）。

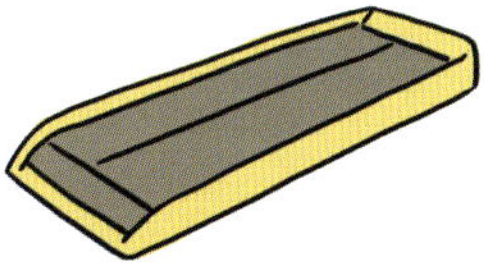

爪とぎ

家具で爪をとぐ前に準備を。さまざまな素材･形があるので、好みがわかるまで数種類試してみて（→ P74）。

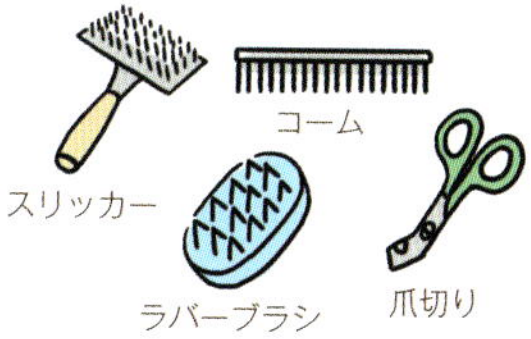
コーム
スリッカー
ラバーブラシ
爪切り

ケアグッズ

短毛・長毛種でブラッシンググッズが異なります（→ P98）。爪切りも２種類あります（→ P96）。

キャリーバッグ

病院に連れて行く時など、移動時に必要。布製よりも頑丈なハードキャリーの方が猫も入れやすく便利です。

ベッド・ケージ

ベッドやケージがあれば、居場所ができて猫も安心。ベッドはダンボールに布を敷いて手作りしても OK。

ワクチン接種

危険な感染症から猫を守るための予防策

猫同士のケンカや人間の靴についたウイルスからうつり、死に至ることもある感染症。かかってからの処置では猫の体にも負担なので、子猫の頃から定期的にワクチンを接種し、予防しましょう。

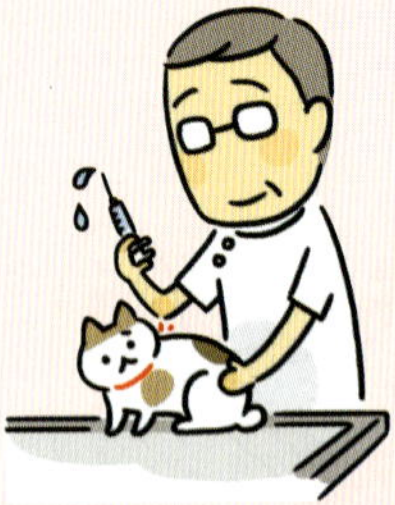

ワクチン接種の時期

子猫は母乳から抗体をもらいますが、生後2～3ヵ月を過ぎると抗体はなくなり、病気にかかる確率が高くなります。初めての接種はこの時期に。それ以降は定期的に受けましょう。

1回目 生後50日前後（移行抗体がなくなる）

2回目 1回目のワクチンの3～4週間後

3回目 2回目から1年後 それ以降は1年に1回

接種後の注意

接種後、猫によっては体調不良やアレルギー反応を起こす場合もあります。しばらくは猫の体調管理に気をつけましょう。

・接種後は安静にさせ、下痢や嘔吐などの異常がないか観察
・接種後2～3日は過度な運動や入浴、交配などは避ける
・免疫力が得られるまで、数週間は他の猫との接触を避ける

ワクチン誘発性肉腫など、副作用が出る猫もいるので、事前に獣医師としっかり話し合いましょう。

ワクチンの種類

室内飼いなら3種混合、外出自由なら5種混合ワクチンの接種がオススメです。猫の生活環境などを伝え、獣医師と相談して決めましょう。

対応ワクチン	予防できる病気
3種混合ワクチン 5種混合ワクチン	**猫ウイルス性鼻気管炎** 風邪のような症状でくしゃみ、せき、鼻炎、発熱が起こる。結膜炎や角膜炎(→P158)、高熱による食欲不振になることもある。
3種混合ワクチン 5種混合ワクチン	**猫カリシウイルス感染症候群** くしゃみ、鼻水、発熱が起こり、進行すると口内炎(→P160)など口のまわりに潰瘍ができる。急性の肺炎になり死に至ることも。
3種混合ワクチン 5種混合ワクチン	**猫汎白血球減少症** 白血球が激減し、高熱、嘔吐、腹痛、食欲不振などが起こる。下痢から脱水症状を起こすことも。体力のない子猫や老猫は死に至る可能性も高い。
5種混合ワクチン	**猫白血病ウイルス感染症** 白血病、リンパ腫(→P162)などの血液のガンや貧血などを発症。持続感染した猫の90%が4年以内に死亡する。免疫力が低下しさまざまな病気に感染しやすくなる。
5種混合ワクチン	**猫のクラミジア病** 目や鼻から菌が侵入し、結膜炎(→P158)やくしゃみ、鼻水などの症状が起こり、肺炎になることも。人に感染する危険もある。

※同名のワクチンでも、予防できる病気が異なる場合があるので事前に獣医師に確認を。

近年は猫エイズ（猫免疫不全ウイルス感染症／→P160）のワクチンも開発されました。3種や5種混合ワクチンとあわせて接種すると安心です。

多頭飼いするなら

多頭飼いをするには
飼い主の配慮も大切

猫は単独生活する動物だと思われていますが、安全な室内飼いでは、複数で仲良く暮らすケースもめずらしくありません。猫の関係がうまくできれば、ひとりでいるよりも多頭飼いの方がメリットも多いのです。

ただ、先住猫にとって新しい猫が来るのは大きな変化。自分の立場がどうなるのか不安がるので、ストレスをやわらげ、猫同士が安心して過ごせるよう配慮してあげましょう。

多頭飼いのメリット

多頭飼いすると、遊びなどを通じて猫のコミュニケーションが生まれ、感情豊かになります。社会性も育まれ、猫同士のつきあいがスムーズになることも。

また、留守番時の淋しさも軽減され、飼い主も安心です。

他の猫に慣れていないと
ホテルや病院などで
おびえることも
ドキドキ

猫同士の相性

親子か兄弟ならば比較的問題はありませんが、初対面の猫同士は慎重に時間をかけて慣れさせましょう。

猫の性格にもよりますが、成猫の同性同士よりも異性同士、成猫と子猫など年齢が離れている組み合わせがうまくいくといわれています。

入手先にお願いして、多頭飼いする前に猫を対面させ、相性をみる期間を取るのもオススメです。

多頭飼いのポイント

猫たちがスムーズに仲良くなっていけるよう、安心して過ごせる環境を作り、先住猫を優先した接し方を大事にしましょう。

先住猫を尊重する

先住猫は新入り猫がやって来ると環境の変化にストレスを抱えがち。スキンシップや食事は先住猫を優先させるようにしましょう。

個別のスペースを作る

トイレや食器は猫の数だけ用意しましょう。ベッドや隠れられる場所も個別に確保し、それぞれが安心してくつろげるようにします。

ケンカしたら距離をおく

ケンカをやめない時は引き離して別々の部屋に。時間をおき、落ち着いてから対面させます。あせらず徐々に慣れさせましょう。

多頭飼いの適正数は「家の部屋数＋１匹」までといわれています。多すぎると世話が大変で個別のスペースも取れず、猫も人も暮らしにくくなります。

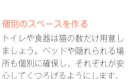

数日後
掃除終わらない〜
自分の暮らしもちゃんとしなきゃ彼氏も呼べないわよ
あっゴメンいなかったか
ホホホ
あんただっていないくせに
RRR
あっ先輩?
え…もちろんどうぞ!
何よ〜
今から先輩来るって
キリ
すぐ片づけなきゃ
ええっ
ババババ
恋の力ね…
迎えに行ってくるー
バタンッ
先パーイ
急にごめんね猫はどう?
元気ですよ〜
…みたいだね
キズ
キズ
そうだこれ…
ばーん
BUBU
ネーム入り
ブ…
ブブ!?
名入れしたんだ
いい名前ですね…

ス…
さっそくブブにつけよう
アハハ
カラン
あ 田中さん こんにちは
あら…
ユカの部屋
田中さんの家
最近猫の声が聞こえるお宅から？
はは い…
ちゃんと飼えるのかしらねーっ
フン
お隣さん？
どうやら猫嫌いみたいで…
コラー
ゴミ
ゴミ
だめよ!!
野良猫を追い払ったり
餌付けしてる人を注意してるんです
田中さんに怒られないよう気をつけなきゃ
どうぞー
ガチャ
おかえり～
あっ
ネコ砂
こんにちは
妹のマユです
はっ はじめましてっ
ペコ

のっしのっし
あ
ブブ〜♥♥
首輪付けよ――っ
ブブって名前?
ケージできたんだ〜
うん
中にトイレも置くね
普段はケージで過ごさせるの?
入れっぱなしにせず自由に出入りさせればOKよ
猫をケージに入れる機会って結構あるの
ペットホテル
災害の保護時
入院時
オレの場所にゃ♪
慣れてないとケージを嫌がるけど
日頃から慣れていれば猫もストレスなく過ごせるのよ
詳しいんだね〜
ちょっマユっダメよ
ポ
それほどでも♥
あっ大変!!
そわ そわ

床のにおいをかいでうろうろするのは
トイレのサインよ!!
ーえぇっ!? どうしよう
うろ
うろ
うろ
こんな時は
雑巾っ 雑巾っ
すぐトイレへ連れて行くの
ささささ・・・・
ここがトイレだよ～
ほーら
ストン
すんすん
くるくる
ザクザク…
おおーーっ
じょーーっ
トイレは一度やればたいてい覚えるわ
毎日キレイにね
ありがと～
ワイ ワイ
ドタッ ガシャー!
ちょっと! お宅の猫がうちに!
すっ すみません～～
これは教えることが多そうだわ～
あたー

猫の成長過程

成長段階に合わせたケアを心がけよう

猫の成長は人間に比べてとても早く、1歳で成猫になり、7歳頃から老化が始まります（→P176）。それぞれの成長段階の特徴を知り、それに適したケアをすることで、猫がより快適に生活でき、健康と長生きにつながります。

猫の社会化

猫は警戒心のない社会化期（生後2～9週間）に多くの体験をしておくと、成猫になってからの恐怖心が少なく、ストレスも軽減されます。この時期に十分な経験ができないと攻撃性が高まったり臆病な性格になることも。

人や他の猫と触れ合い
音や環境にも慣れさせて

子猫期に触れ合いを

社会化期をはじめ、子猫期（生後4カ月くらいまで）に飼い主以外の大人や子ども、男女などさまざまな人と触れ合うことで人なつこい猫になります。また、猫以外の動物に慣れさせたい場合も、なるべく小さなうちに触れ合う機会を持つとよいでしょう。

子猫から成猫までの成長過程

見た目はそう変わらないように思えても、猫の体は年齢とともに変化しています。年齢に合わせたケアや注意点を守って育てていきましょう。

	体と行動の変化	ケアと注意点
子猫（0～4ヵ月）	生後4週から離乳が始まる。よく眠り、起きている時は兄弟とじゃれ合って遊ぶ。徐々に周囲のものへの好奇心も芽生えていく。	体重を毎日チェックする。体重の増加がなければ異常の可能性も。下痢や嘔吐、落下などの事故に注意。初のワクチン接種（→P24）も行う。
青年猫（4～11ヵ月）	生後4ヵ月になると体重は1.5～2kgに。6ヵ月頃には永久歯が生え揃う。オス・メスともに6～9ヵ月頃には性的に成熟する。	繁殖を希望しない場合、発情行動やスプレー（→P76）が始まる前に避妊・去勢（→P140）を。イタズラ盛りなので誤飲・ケガに注意。
成猫（1～7歳）	生後1年で大人の体になり、約3歳までは活動量が増える。5歳以降から中年期に入り、運動能力も低下する。	避妊・去勢後は体重が増えやすいので注意。よく運動させてコミュニケーションをとる。毎年の健康診断（→P165）は欠かさずに。
老猫（7歳～）	積極的に遊ばなくなり、落ち着いた日々を過ごす。活動量が減り、睡眠時間が増え、老化現象（→P180）が現れる。	体力が低下し、病気になりやすいので、体調や行動の変化に注意を。検診は若い時よりもこまめに。

環境づくり

猫が快適に暮らせる環境を作ってあげよう

現在は、動物に関する法律（動物愛護法）においても猫の室内飼育が推奨されています。危険な屋外よりも室内で暮らす方が猫にとってメリットも多く安全です。

室内飼いにすると、室内だけが猫の生活スペースになるので、運動が十分にでき、安心してくつろげるような空間を作ってあげることが大切です。

外出させるリスク

猫を屋外に出すと、交通事故や野良猫との縄張り争いで負傷する可能性があります。また、感染症にかかる確率が高くなり、体にノミやダニがつくことも。そのため完全室内飼いより平均寿命も短くなります（→P14）。

猫が落ち着ける場所

暗い場所で安全を確保していた習性から、猫は隠れ家のような静かで狭い場所があると安心します。猫ベッドなどの寝床、ケージやキャリーバッグなどを部屋に置き、猫が快適にくつろげるようにしましょう。

室内での危険を防ぐ

屋外に比べて安全な室内にも、猫にとっては危険なものがあります。事前の対策で、思いがけない事故やケガから猫を守りましょう。

電気コードをガード

猫がかじって感電しないよう、コードには市販の保護カバーをつけましょう。

家具の隙間をガード

狭い場所を好む猫が隙間に入って出られなくなると危険。猫が入りそうな隙間は板でガードを。

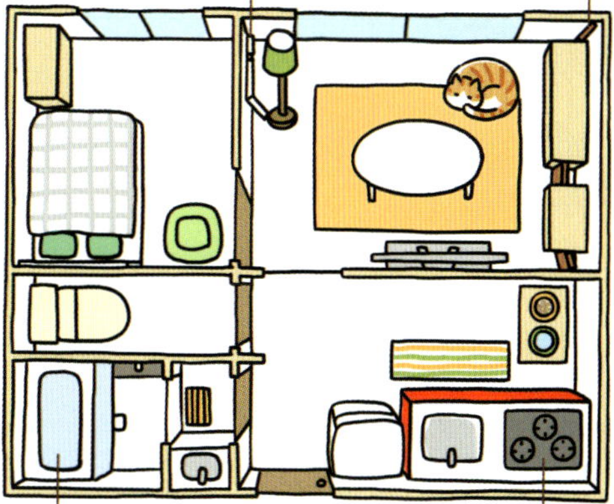

水に注意

風呂や洗濯機に猫が転落しないよう、水を抜いておくか、ふたをしましょう。同様にトイレへの転落にも注意。

電化製品や火に近づけない

ストーブやアイロン、キッチンのコンロには近づけないように。被毛やヒゲを焦がしたり、やけどの危険も。

お湯や料理が入ったポットや鍋を、猫がひっくり返すことも。やけどや事故にならないよう、キッチンだけでなくリビングなどでも目を離さないように。

ケージについて

ケージは猫にくつろぎを与え、身の安全を守ってくれるアイテムにもなります（→ P30）。早いうちから出入りさせ、慣れさせましょう。

このステップがお気に入り

ケージの選び方

上下運動ができるよう、高さがあり、ステップがついているものがベスト。

ケージを置く場所

人の出入りが少ない静かな場所に設置すると、猫も落ち着いて過ごせます。

トイレを置く場所

排泄時、猫はとても無防備になるため、見られたり騒がしい場所ではストレスになります。安心して排泄できる場所に設置してあげましょう。

静かで落ち着ける場所に

洗面所、人間のトイレ、寝室や廊下など静かな場所に置きましょう。

しにくいっ
フーの！
まだー？

猫は嗅覚が敏感なので、食事中にトイレのにおいがするのを嫌がります。衛生面からも、トイレと食事スペースは２m以上離すようにしましょう。

運動できる部屋づくり

運動不足は猫のストレスや肥満の原因にも。室内でも十分に運動できるよう、ジャンプしたり高い場所に飛び上がれる環境を作りましょう。

上下運動のポイントを作る

壁にキャットウォークの棚を設置したり、段差がつくように家具を配置しましょう。キャットタワーを置くのも効果的。

落下の衝撃を緩和する

高所から上手に飛び降りる猫ですが、落下の衝撃は多少なりとも体の負担に。よく飛び降りる場所にはカーペットなどを敷きましょう。

危険な物を置かない

猫が飛び乗ったり、飛び降りる可能性のある場所には、破損の危険がある物を置かないようにし、ケガや衝突事故を防ぎましょう。

食事とトイレ

飼い主と猫のスタイルに合わせた食事とトイレを

猫は最初に食事やトイレの場所を教えれば、たいていは問題なくそこで食事や排泄をするようになります。

しかし、人間の不注意や世話不足で、食事やトイレのトラブルが起こることも。猫の好みや性格を踏まえて、清潔で快適な食事とトイレの環境を作り、きちんと管理しましょう。毎日のことなので、世話のしやすさやコストなども考慮して使うものを選ぶのも大切です。

トイレのにおい対策

猫はきれい好きなので、清潔にしていないと他の場所でそそうするトラブルが起こります。

・掃除はこまめに

排泄物の処理は少なくても1日1回。月に1回はトイレ容器を洗浄して干しましょう。

・砂の取り替え

週に1回は砂を新しいものに。これまでの砂を少し残しておけばトイレの場所も忘れません。

・換気をする

においがこもらないよう、風通しをよくしましょう。

食事や砂を変える場合

猫は環境の変化を嫌うので、フードやトイレの砂が急に変わると、食べなくなったり、排泄しなくなる場合も。種類を変える場合は、これまで使っていたものに、少しずつ新しいものを混ぜていき、その割合を徐々に増やしていきましょう。

食事の与え方のポイント

猫が健康に育つためには、猫の性格や習性を踏まえて食事の環境を整えてあげることが大切です。

あっやべ
カラン

軽すぎるとひっくり返すことも

食器の選び方

洗いやすく、傷がつきにくいステンレスや陶器などがオススメ。猫が食べやすいようにヒゲがあたりにくく、深すぎないものを。

ペルシャなど顔が平たい猫には、底が丸く浅めの器が食べやすくオススメ。

規則正しく衛生的に

食事の回数や時間、量は規則的に(→ P125)。出しっぱなしはダラダラ食いを招き、不衛生なので、食べなければ片付けましょう。

決まった時間に出せば
その時だけ食べるように

シートを敷くと
汚れ防止に
もり
もり

食べる時の習性を踏まえて

他の猫に横取りされないよう、安全な場所に食料を運ぶ習性から、食べ散らかしてしまうことも。猫が落ち着ける部屋の隅に食事場所を作り、食器は広めのものを。

トイレの砂の種類

トイレの砂はいくつか試してみて、コストと掃除のしやすさ、猫の好みなどを踏まえて選びましょう。

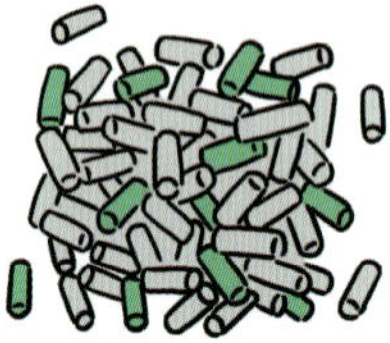

鉱物タイプ

天然の鉱物が原料。脱臭力が高く、飛び散りにくいのがメリット。洗って再利用できるタイプもあります。ほこりが出ることも。

木材タイプ

吸収力が高く、木の香りがして、消臭・抗菌効果に優れています。使用を繰り返すと、粉状になったり、固まりが悪くなる場合も。

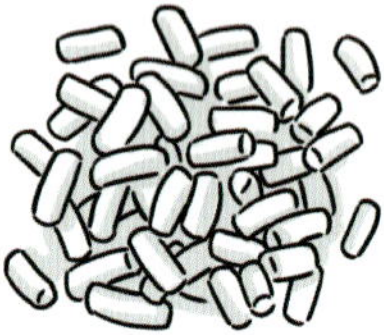

紙タイプ

尿が固まりやすく、掃除がしやすいタイプ。芳香や脱臭効果を加えたものも。軽いので散らかりやすく、猫の足にくっつく場合も。

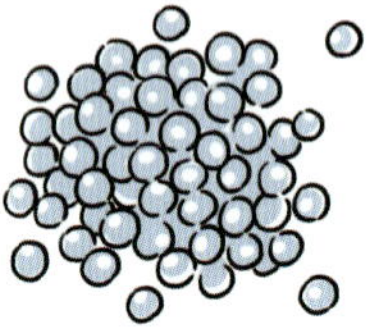

シリカゲルタイプ

シートと組み合わせて使うことが多く、水分やにおいを吸収し、脱臭力に優れています。不燃ゴミ扱いが多いので処理が大変な面も。

砂の処分は、可燃や不燃、トイレに流せるものと流せないものなど違いがあるので表示のチェックを。地域によって捨て方も違うので確認しましょう。

トイレの種類

機能性やライフスタイル、猫の好みに合わせて選びましょう。

オープンタイプ

猫が出入りしやすく掃除もしやすいタイプ。砂が飛び散りやすいので注意。

フード付きタイプ

フードがにおいや砂の飛び散りを防ぎ、目隠しにもなるので猫も落ち着きます。

2層式タイプ

上段に砂、下段にシーツを入れます。シーツがおしっこやにおいを吸収します。

トイレに失敗したら

猫のそそうには必ず理由があります。猫の様子や状況から原因を考え、環境の見直しや改善を行いましょう。

ストレスを感じていないか？

来客などでトイレまで行けなかったり、触れ合い不足でのストレスも原因に。

トイレに問題はないか？

汚れていたり、使い勝手や場所が悪いと猫は嫌がります。急にトイレの場所を変えるのも厳禁。

病気の可能性は？

病気でトイレに間に合わないことも。排泄物や猫の様子に異常があればすぐに病院へ（→ P155 ～）。

脱走・ご近所トラブル防止

猫の身を守るために周辺への配慮を

室内飼いで育っても外に出たがる猫は多く、特に一度でも外に出たことのある猫は、隙あらば脱走しようとします。しかし、危険がいっぱいの屋外で事故に遭ったり、迷子になっては大変。ご近所の方とのトラブルにもなりかねません。脱走防止の対策はもちろん、ご近所の方への配慮も忘れずに。

迷子になったら

室内飼いの猫は家の近くでも迷子になりやすいので、すぐに探しましょう。

・周辺を探す

近くに隠れていないか、キャリーバッグ持参で探しましょう。

・関連施設に連絡する

保護されていないか、周辺の警察、動物愛護センター、保健所、動物病院に問い合わせます。

・張り紙やインターネットで探す

人が集まる場所に張り紙をしたり、インターネットで情報提供を呼びかけましょう。

張り紙のポイント

性別・年齢・体の模様と色など、誰が見ても猫の特徴がわかるような書き方をしましょう。

探しています
●名前：サクラ
●メス　●3歳
●白地に茶の模様
猫の模様がわかるアップと全身の写真
猫の特徴をわかりやすく掲載
飼い主の連絡先（氏名・電話番号）が切り取れる

迷子札とマイクロチップ

迷子札とマイクロチップを併用することで、猫の発見率が上がります。

にゃー
MOMO
山田
090-XXXX
-XXXX

迷子札

猫の名前と飼い主の連絡先を記した迷子札を首輪につけます。水にぬれても消えず、簡単に取れない丈夫なものを。

マイクロチップは落ちないという利点がありますが、読み取る機械が必要です。迷子札は機械がなくても確認できるので、両方つけるのがオススメです。

マイクロチップとは？

猫の個体識別番号が入力された電子器具。迷子や災害時に飼い主の情報を照会でき、猫の生涯にわたって使用可能です。

マイクロチップの挿入について

猫の首の後ろなどに、獣医師が注射で挿入します。猫は生後4週頃から挿入可能で、費用は登録料も含め5,000円前後です。

動物病院や保護センターで
読み取りができます
マイクロチップ

日本では、AIPO（アイポ:動物ID普及推進会議）がマイクロチップのデータ管理を行っています。

脱走予防の対策

猫は飼い主の一瞬の隙をねらって、脱走します。脱走を防ぐために、猫がくぐれるような隙間をなくし、しっかりガードしましょう。

柵や網は猫が通り抜けられない大きさのものを

窓のガード

前足で窓を開ける猫もいるので、施錠はもちろん、網を張る、突っ張り棒で柵を作る、網戸にストッパーを付けるなどの対策を。

じゃばら式だと開閉もスムーズで便利
ただいま〜

玄関のガード

猫が登ったり乗り越えたりできない高さの柵を取り付けましょう。玄関の開閉時には足下をカバンなどでガードし、猫が出ないように。

わずかな隙間も猫はくぐる!
あーっ
する

ベランダのガード

ベランダの柵や防災壁のわずかな隙間をくぐり抜けることも。板やブロック、網などで防ぎましょう。

ベランダに出ると、転落事故の危険もあります。十分にガードできない場合は、ベランダに出さないようにしましょう。

ご近所への対応

ご近所とのトラブルは避けたいもの。猫を飼い始める時や引っ越しの際には必ずあいさつをして、迷惑をかけないように気をつけましょう。

厚手のラグマットや
カーペットで足音の吸収も

鳴き声・騒音

発情期の鳴き声を予防するために避妊・去勢手術（→P140）を。足音が階下に響くこともあるので、遊ぶ時間にも注意しましょう。

におい

掃除をこまめにし、排泄物の処理は地域のルールに従い、においが漏れないよう厳重に。屋外にトイレを出すのは厳禁です。

排泄物は新聞紙に包んで見えないように
ゴミ

服についた毛は抜け毛用スポンジで取ると毛羽立たないよ

抜け毛

ご近所に猫の抜け毛が飛び散らないよう、ブラッシングの後は掃除を徹底しましょう。外で毛を払うのもやめましょう。

第2章　猫との生活

何気ないしぐさや行動にも
猫からのサインがいっぱい。
しっかり受け取って仲良くなりましょう。

実家
ブブ ケージで よく寝てるよ
慣れたみたい
人が来た時も ケージに入れて ロックすれば 逃げないし
ブブも くつろいでる みたい
よかった
あれ その傷は？
ブブー♡
バリッ
遊ぼうと すると ひっかかれるの…
さわんにゃ
レオとモモも 私のこと嫌い みたいだし…
こっち見たっ!! 逃げるんだっ
そそくさ…
あいっ
ちら…
タタタタタ
私って猫に 好かれないの かな～
前世は犬だったとか
ちがうって お姉ちゃんは猫の 嫌がることしてるのよ
さわられない 距離
そんなことない!
ネコラブ!
こんなに 愛してるのに!!
だって…

✕大きな声で騒ぐ
カワイイー!!
きゃーきゃー
きゃー
✕しつこく追いかける
まってー♡
くるなー〜
✕背後からなでまくる
つかまえたー
ふかふか〜〜
やめろにゃー
わさわさ
NG行動ばっかりよ
猫はおちついた人が好きなの
可愛いがってたつもりが…
ふ…
だから男にも逃げられるのよ
はあ?
くそー、ムカツク
ん?
zzz
ちょっとだけ…
なでなで
にゅ〜〜…
やっぱり…
カワイイ〜!!
なでなでなでなで
イライラ〜
ザシュッ
さわりすぎにゃ
ヒイイ

2 猫との生活

お姉ちゃん
ダメよ
あぶなっ
フーーん
しっぽを床に叩きつけるのは
ほっといてのサインよ
パンッ
パンッ
あブブも
よくやるわ
みゅー
あら？
急にやさしく…
猫にはいろんな
モードがあるのよ
てちてち
・自分の子や
年下の猫に
毛づくろいを
する
ペロ
・成猫になっても
モミモミする
（→ P59）
・飼い主に
甘える
ゴロゴロ
子猫
親猫
野生
飼い猫
でろーーん
・お腹を見せて
くつろいでいる
・飼い主に
ご飯をねだる
・興奮して走り回る
・遊んでる時に爪が
出たり、噛みつく
・うなる
血がさわぐーー!!
猫のモードに
合わせるのが大事よ
今は親ね。
そうかっ
私ブブが野生モードの
時に遊ぼうとしてたかも
それに手で遊ぶと
ひっかきグセや
噛みつきグセがつくから
ガブ
いた

じゃーん
おもちゃで遊ぶのがオススメ!
おぉー
最近はいろいろなおもちゃがあるわ
ネズミのぬいぐるみ
羽根つき猫じゃらし
鈴入りボール
※猫がおもちゃを誤飲しないよう注意しましょう
ぴゅっ
速く!
ゆっくり…
スピードに変化をつける
気になるにゃー!
わくわく
布で隠して出したり引っ込める
動きも工夫すると猫大喜びよっ♪
上下させる
たしっ
もにもに
おっ
なあんだあんたたち単純ねー
ほーれ
お姉ちゃんも単純だけどね…
しょせん猫よの〜
オーホホホ
ほれほれ

2
猫との生活

猫への接し方

猫の習性を理解し無理強いせずに接する

猫は基本的に気まぐれ。甘えたい時には自分から寄ってくるのに、放っておいてほしい時には触られるのも嫌がります。その習性を理解して接すると、コミュニケーションが上手にとれます。猫がくつろいでいる時に反応を見ながら触れ合い、仲を深めましょう。

猫に好かれるには

以下のポイントを押さえ、猫との距離を近づけましょう。

- 猫のペースや気分に合わせる
- 目線を近づけ、安心感を与える
- 落ち着いたやさしい声で話す
- 驚かせないよう、ゆっくりした動きで接する

猫の視界の中でかがんで
目線を合わせましょう

猫が嫌いな行動

・大声を出す/騒がしくする

猫の聴覚は人間の3倍以上。そのため大声や騒音は苦手。猫に話しかける時は穏やかに。

・しつこくする/追いかける

放っておいてほしい時にしつこくされたり、隠れているのを無理に引っ張り出されると怖がります。猫が関心を示さなければそっとしておきましょう。

・予測できない行動をとる

背後から突然触るなどの急な動きは猫を驚かせ、ストレスの原因にもなってしまいます。

抱き方のポイント

猫が自分から寄ってきた時だけ、やさしく抱っこしてあげましょう。嫌がる猫をはがいじめにすると、抱っこ嫌いになってしまいます。

正しい抱き方

おしりをしっかり抱える

おしりや腰、背中を包み込むようにやさしく抱きます。安定感を与えるようにしっかりと。

誤った抱き方

両脇に手を入れて抱き上げる
前足をつかむ

肩や前足の関節に負担がかかってしまいます。不安定な体勢になって猫が暴れ、ひっかかれることも。

首の裏をつまんで持ち上げる

母猫が子猫を運ぶ時に首筋をくわえますが、成猫に対してすると一ヵ所に全体重がかかってしまい、猫に負担を与えます。

ボディランゲージ

顔やしっぽの変化から猫の気持ちを感じ取ろう

猫は言葉を話さないかわりに、目や耳、ヒゲやしっぽの動きなどで感情を表しています。それに気づかず怒っている猫に手を出すと、攻撃されたり仲が悪くなることも。

体の出すサインを観察し、猫の気持ちの変化を感じ取って接することが大切です。

鼻キッスであいさつ

猫は出会うとお互いの鼻を寄せ合ってにおいをかぎ、相手を確認します。初対面ではにおいから相手の強さや相性の良さなどの情報を得て、その後は劣位の猫が自分の肛門のにおいをかがせ、関係を成立させています。

突き出した指に
鼻を近づけるのも
においの確認だよ
チュッ

鳴き声としっぽで返事

名前を呼ばれて「ニャーン」と返事するのは飼い主に甘えたい子猫モードの時。背を向け、しっぽをパタパタ振るだけの時は親猫モードです。子猫に対し「聞こえてますよ」と返事しているのと同じ気持ちなのです。

はいはい
パンパン
ブブー

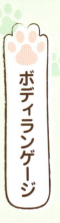

目の状態

瞳孔は明るいと細く、暗いと大きくなり、気分でも変わります。

興味津々・驚き
獲物を見つけた時などは、瞳孔が大きくなり目を見開きます。

安心・平静
瞳孔は中くらい。目を細めるのも安心のサイン（→ P65）。

気分が悪い・攻撃
相手を鋭く見つめる時は瞳孔が細くなります。

ヒゲの動き

普段は自然に垂れているヒゲも、感情によって動きます。

興味津々
センサーであるヒゲを前に向けて情報収集。ピンと張ることも。

驚き・怖い
驚いたり、怖がると筋肉が緊張してヒゲが後ろに向きます。

恐怖
恐怖心が増すと、ヒゲがピンと張った状態になります。

耳の状態

基本は前を向いていますが、危険を感じるほどに倒れていきます。

興味津々

まっすぐ前に向けてピンと立て、興味の対象を観察します。

警戒・怒り

横を向いたり後ろに反っている時は、イライラしています。

恐怖

危険を感じると耳を倒して守り、体を小さく見せます。

全身の動き

人が見て謎に思える行動にも、猫には理由があるのです。

噛みついた場所をなめる

噛んだことを反省しているのではなく、獲物の味見をしている行為。噛みグセのもとになるので注意。

フード皿のまわりをかく

いらないものに砂をかける習性から、「今は食べないから埋めておこう」という意味でかきます。

しっぽ・おしりの動き

すました顔をしていても、しっぽやおしりは感情を素直に表します。

甘えたい
母猫のように親しみを感じている相手にはピンと立てます。

遊んで
逆U字に曲げます。敵に対しては威嚇の意味になります。

リラックス
くつろいで機嫌がいい時は、ゆっくり大きく振ります。

興味津々
面白そうなものを見つけると、しっぽの先をピクピクさせます。

攻撃
獲物に飛びかかろうとする時は、低い体勢でおしりを振ります。

イライラ
左右にバタバタと速く振るのは不機嫌な時です。

威嚇・驚き
敵や恐怖に対し、毛を逆立ててふくらませ、太く見せます。

恐怖
しっぽを引き寄せて体を小さくするのは恐怖の表れです。

攻撃しないで
後ろ足の間にしっぽをはさんで、攻撃を避けようとします。

サイン❶ 嬉しい・甘えたい

親愛を示すサインに応え信頼関係を築いていこう

猫は嬉しい時や飼い主に甘えたい時に、抱っこをせがんだりひざに乗ってきたりと、子猫が母親に甘えるような愛らしい行動をします。これらのサインは、猫があなたに親しみを感じている証拠。やさしくなでたり、遊んだりして十分に甘えさせ、猫との仲を深めていきましょう。

嬉しいサイン

もともとは母猫に満足を伝えるサインだよ
ゴロゴロ

ゴロゴロ

のどをゴロゴロと鳴らすのは、安心感や満足感、リラックスの表れ。甘えたい時やおねだりの時も鳴らします。

具合が悪い時や緊張時にも鳴らすことがあります。

ペロペロ

なめる・甘噛みする

お乳を飲む時の行動に由来する親愛のサイン。おねだりで噛むこともありますが、噛みグセがつくので困った要求は無視するように（→ P80）。

甘えたいサイン

帰宅時のスリスリは
外のにおいを自分のにおいに
つけかえてるの
おかえり〜

スリスリ

体をこすりつけて自分のにおいをつけるのは、自分の縄張りを主張し、独占したいという気持ちの表れです。

モミモミ・フミフミ

飼い主の体や毛布を前足で交互に踏んだり、布を吸ったりするのは、子猫が母猫のおっぱいを飲む時にするしぐさです。

満足〜♡
フミフミ
毛布など飲み込まないように注意

子猫の頃、早くに母猫から離された猫がよくやります。モミモミしている猫は子猫のような気持ちになっているので、たくさん可愛がってあげましょう。

にゃー

しっぽを立てておしりを見せる

子猫の頃、母猫におしりをなめて排泄の世話をしてもらっていた名残り。飼い主への信頼や喜びを表しています。

サイン❷ 怒り・ストレス

危険やストレスを表す猫のサインに注意

猫は危険を感じると、威嚇の体勢で相手に立ち向かいます。そんな時に手を出すと、飼い主でも攻撃されかねません。怒りや恐怖の原因を取り除き、猫が落ち着けるようにしましょう。

また、猫のストレスは日頃のしぐさや行動に表れます。放っておくと健康に関わることもあるので、ストレスのサインを見つけたら、原因を探して改善するようにしましょう（→P76）。

怒りのサイン

毛を逆立てる（攻撃）

毛を逆立て、耳の後ろを見せてしっぽを下げます。自分の方が有利な時に見られる強気の攻撃体勢。

体を大きく見せる（威嚇）

敵や恐怖と対面している時、全身の毛を逆立ててしっぽを大きくふくらませ、腰を上げて体を大きく見せます。

ストレスのサイン

過剰なグルーミング

グルーミング（毛づくろい）は猫の日課ですが、過剰に同じ場所をなめ続けるのは強いストレスのサイン。脱毛することも。

噛みつく・飛びつく

これまでおとなしかった猫が急に噛みついたり、飛びついたりと攻撃的になるのは不満の表れです。

そそうをする

トイレ以外の場所に急におしっこをしだしたら、ストレスが原因の場合も。原因の追及と改善を（→ P76）。

走り回る

活動時間外に走り回ったり、同じ場所を落ち着きなく往復するのはストレスがたまっているのかも。

サイン❸ おびえ・不安

毛づくろいなどの行動で不安を緩和させる

猫はおびえたり、不安や緊張をおぼえると、防御のポーズや心を落ち着かせる「転位行動」をします。その行動の意味がわからず、猫の気持ちに合わない接し方をすると、猫にますますストレスを与えることも。

猫の行動と状況から気持ちを察し、ストレスの原因を取り除いて、安心や落ち着きを取り戻せるようにしてあげましょう。

おびえのサイン

体を小さく見せる

体を低くして腹ばいになり、しっぽを後ろ足の間にはさむのは、隙あらば逃げようとしているサイン。

上半身は低く、下半身は高い

毛を逆立てて威嚇していても、耳がふせられ上半身が後ろに引けているなら、内心はおびえています。

不安のサイン

ふあ

叱られている時のあくびは
緊張をほぐすためです

目を開けたままあくびする

眠い時のあくびは目を閉じますが、目を開けて周囲を警戒しつつするあくびは、不安をやわらげるためです。

体をなめる

グルーミングには、気持ちを落ち着かせ緊張をほぐす効果もあります。緊迫した状態の時に体をなめるのはこのためです。

焦ったりストレスを感じると
鼻をなめることも

バリバリ…
あいつきた〜
こわい〜
?

爪とぎ

不安な気持ちや興奮を落ち着かせ、ストレスを発散させています。気分転換の転位行動としてすることも。

サイン❹ リラックス・おねだり

くつろぎポーズで猫の安心度がわかる

野良猫に比べ、室内飼いの猫は危険も少なく、無防備でリラックスした姿を見せたり、おねだりをします。ただ、ねだられるまま応え続けるとおねだりがエスカレートすることもあるので、必要な時にだけ応じるようにしましょう。

リラックスして
おじさんのように座る猫も

おねだりのサイン

体をクネクネさせる

飼い主の前で仰向けになって体をクネクネさせたり、左右に転がるのは、遊びに誘っているサイン。

猫パンチなどで催促する

軽く猫パンチしたり、鳴くのはご飯のおねだり。ただし、時間外にあげるとその時間に催促するクセがつくので注意。

リラックスのサイン

香箱《こうばこ》座り・足の裏を床につけないで眠る

「とっさに立てなくても大丈夫」と安心している時は、足を体の中に入れて座る香箱座りをしたり、足の裏を床につけず、投げ出して寝たりします。

猫は気温に応じて寝姿を変えます。暑い時は上のイラストのように体を伸ばして放熱し、寒いと右のようにくるんと丸くなって、防寒体勢で眠ります。

お腹を見せる

急所のお腹を見せるのは、安心して完全に心を許しているサイン。

頭や背中をなでている時にお腹を見せるのは「もうやめて」という意味なので注意。

うっとりと目を細める

飼い主と目を合わせながら目を閉じるのは安心と満足の証。反対に、見知らぬ人や親しくない人には目をそらします。

遊び方・おもちゃ

子猫は学習・成猫は運動と猫にとって遊びは重要

猫の遊びは単なる娯楽ではありません。子猫にとっては狩りなどの社会勉強、成猫にとっては運動不足の解消になります。また、子猫・成猫ともに、ストレス解消やメンタル面での刺激にもなるのです。

ただ、遊び中に思いがけない強さの力や動きが出て、ケガや誤飲などの事故につながることも。安全に気をつけながら猫と触れ合い、絆を深めていきましょう。

狩猟本能を満たす

狩猟動物であった猫は、室内飼いでも獲物を捕まえる本能を持っています。それが満たされないとストレスがたまり、暴れたり攻撃的になることも。

狩りの本能が満たされるよう、鳥や小動物の動きを真似て遊び、ストレスを発散させましょう。

ゲット!

おもちゃの種類

猫のおもちゃは昔ながらの猫じゃらし・ボールから、音の出るものまでさまざま。最近では、猫用の抱き枕で猫がキックして遊ぶ「キッカー」や、壁や床に光を照射して遊ばせる「レーザーポインター」が人気です。

キックしても壊れない
丈夫な物を選んでね

遊び方のポイント

誤飲しないよう飲み込めない大きさのおもちゃを選び、遊んでいる時はケガや事故がないよう、目を離さないようにしましょう。

夜のハッスル前に
遊ぶと静かになるよ

短期集中型で遊ぶ

遊ぶ時間は1回10分程度、1日2回以上を目安に。あまり長いと猫が飽きたり、疲れてしまいます。

無理に取り上げない

猫がおもちゃをつかんでいたり、口にくわえている時に手を出すと攻撃されることがあります。猫の歯や爪を痛める場合もあるので注意。

オレのだよ
バリッ

ガラスなど
危険な物は片付けて
おおっ
新記録!!
ジャーンプッ

十分なスペースのある場所で

猫は遊びに夢中になると、予想外の動きをします。ジャンプしても危なくないように、遊ぶ時は広いスペースを取りましょう。

カンタン手作りおもちゃ

かわいい愛猫の好みに合わせて手作りしたおもちゃがあれば、遊びの時間もさらに楽しくなります。

コロコロボール

丸く切った布の端をなみ縫いして、中に綿とキャットニップを入れ、糸の端を引っぱって結びます。中に鈴を入れても OK。

綿
キャットニップ

鈴やキャットニップをティッシュにくるみ、ハンカチに包んで結べば即席ボールに！

取れないよう
しっかりくっつけてね

猫じゃらし

割り箸にたこ糸をテープで付け、その先に羽根やねずみのおもちゃ、鈴などを結びつけます。

猫が通り抜けられる
大きさに

トンネルの入口に
ボールなどのおもちゃを
ぶら下げても楽しい

くるくるトンネル

ボール紙を猫が入れるくらいの輪っかにして、テープでとめるだけ。猫はトンネルが好きなので、中に入って遊んだりします。

箱好きの猫にはたまらない！

窓付き BOX

猫が通り抜けたり、手を出し入れできる穴を、ダンボールにカッターやハサミで開けます。箱の中で休むこともできます。

ブブ 紙袋に入って遊んでますよ
猫は狭いところ好きだもんね〜
お姉ちゃんも随分猫に慣れたね
まあねー
ガチャ…
ブブ ただいま〜
のっしのっし
うわっ
……
あーッ!!
バリバリバリ
こらっ ダメでしょ!
ピー
ブ?
お姉ちゃんの方がダメよ!
え なんで…
イタズラしたくて爪とぎしてるんじゃないのよ

猫の爪とぎには意味があるの
古い爪をはがす
2つにわかれてはがれる
興奮をしずめる
落ちつけ自分!!
ガリ
ガリ
縄張りを示す
ここはオレの場所
ガリガリ
他にも好きな飼い主に印を付けたいって意味もあるのよ
じゃあ僕にして♡
先輩!?
さぁ
ブ?
猫の習性だから怒っちゃいけないのよ
ごめんねブブ
ブフ――!
海外では猫のネイルも人気だけど…
接着剤でくっつける
かわい～♡
はずす時もとの爪も取れたり猫が誤飲することも…
えっこわ――い
かわいくても気をつけないと

でも…これじゃ…
ボロ
ボロ
がく
大丈夫！
爪とぎできる場所を作ればいいの
ポイントは2つよ
❶どこで爪とぎするか観察する
ここ好き～
カリ
カリ
カーペット
❷そこに爪とぎ器を置く
これからはここでしてね
はーい
カーペット地の爪とぎ
ブブがよくするのはココ
ガリガリ
立ってするのが好きなのかな
高い位置に爪の跡を残して縄張りをアピールしてるの
強そうだろ

じゃあココにダンボールを置いてみて
2〜3枚くっつけた物でいいわ
はいっ
これにするんだよ〜
くんくん
バリバリ
いい感触
やった〜♥
こうすれば家具の傷みも減るわ
素材もいろいろあるから猫のお気に入りを探してね
カーペット地
麻縄
ダンボール
ゴロゴロ
ブブのお気に入りはそこかもね
おまえかわいーな♥
ゴロゴロゴロ
私もゴロゴロしたい…

トラブル❶ 爪とぎ

猫の爪とぎは本能から存分にできる場所を確保

猫にとって欠かせない行為である爪とぎ。しかし飼い主からすると壁や家具を傷つけられてしまう悩みの種です。

猫の本能なので禁止はできませんが、猫の習性や好みを理解し、被害を抑えられるように工夫しましょう。

爪とぎのスタイル

愛猫がどんなスタイルで爪をとぐのが好きかを観察し、対策に役立てましょう。

・どんな材質が好き?

カーペットでとぐなら布地の爪とぎ器など、爪をとぐ場所を見て、それに似た素材の爪とぎ器を用意しましょう。

・どんな体勢でする?

立ってとぐなら立てかけタイプやタワー型、床でとぐなら床に置く爪とぎ器にしましょう。

オリジナルの爪とぎ器

爪とぎ器は家庭でも簡単に作ることができます。麻縄、カーペット、ダンボール、ゴザやすのこなどで愛猫好みのオリジナルを作ってみましょう。

古いカーペットを切り取る

丸太や板に麻縄を巻く

ダンボールを重ねてテープでとめる

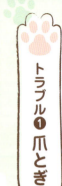

爪とぎ対策

安定感があって猫が体を伸ばせる大きさのものを、目立つ場所に置くのがポイントです。

爪とぎ器に慣れさせる

猫が爪とぎ器を警戒したり、使わない場合は、マタタビ粉などをかけ、興味を持たせましょう。

複数置いて好みをチェック

最初のうちはいろんなタイプのものを部屋のあちこちに置いて、猫の好みを知るのも効果的です。

先にガードして爪とぎ予防

爪とぎされて困る場所には、保護シートやベニヤ板などでカバーしたり、猫が嫌いなにおいのスプレーをかけるのも効果的。

トラブル❷ スプレー

原因を探り、去勢手術やガード・消臭で対処

部屋のあちこちで猫がおしっこをしてしまう「スプレー」。成熟したオスをはじめ、メスも行います。通常のトイレとの違いは、しっぽを立てた姿勢で少量の尿を高い場所に噴射することです。

去勢・避妊手術をする

スプレーをする理由として、発情期を迎え性的に成熟していることや自分の縄張りを主張することが挙げられます。去勢・避妊手術（↓P140）である程度は抑制できますが、スプレーを覚えた後だと手術をしてもクセで繰り返してしまうことも。

高い位置にして自分の大きさをアピール

ストレスをなくす

ストレスによる不安からスプレーをすることも。以下の項目を参考に原因を見つけ、ストレスを取り除くようにしましょう。

猫のストレスチェック

- □ 留守が多く、かまっていない。
- □ 来客があった。
- □ トイレが汚れている。
- □ トイレの位置や砂を変えた。
- □ 部屋の模様替えや引っ越しをした。
- □ 家族構成が変わった。
- □ 相性の悪い猫がいる。
- □ 家の周辺にほかの猫がいる。

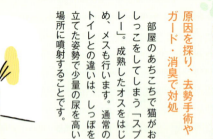

スプレー対策

繰り返させないために対策を取り、やめさせましょう。

シュッ
柑橘系やミントの
においは嫌い

猫よけのスプレーでガード

猫が嫌がるにおいを家具などに吹きつけて、近づかせないようにします。

音や触感がイヤ

猫の嫌がる素材でカバー

ビニールやアルミホイルなどで覆ってガードします。

猫を近づけさせない

スプレーした場所に棚などを置いて猫が近づけないようガード。家具にスプレーした場合は、猫の入れない部屋にその家具を移動させるのも効果的。

掃除の方法

スプレー後はすぐ掃除を。においが残っていると繰り返してしまいます。

❶乾いた布で拭き取る

水分をしっかり拭き取ります。

❷エタノールをスプレー

エタノールで除菌･消臭し、から拭きを。

カーペットの場合は重曹を振りかけ、一晩おいて掃除機で吸い取ります。

トラブル❸ イタズラ

猫に不快な状況を作りイタズラを減らす

箱からティッシュを出す、植木鉢を倒すなどのイタズラは、それが悪いことだとわからずに猫がしていること。ガミガミ叱ると、猫は飼い主を不快に思い、近寄ってこなくなることもあります。

猫と人間が心地よく暮らせるよう、家庭でルールを作り、「イタズラをしてもいいことがない」と猫に思わせることが大切です。

ルールには一貫性を

自分のしたことを叱る人と叱らない人がいたり、昨日と今日で対応が変わるなど、人やその時々でルールが変わると「どうしたらいいの？」と猫も混乱してしまいます。一貫性のあるルールを持って、猫に接しましょう。

猫の転位行動

叱っている最中に、猫がグルーミングや爪とぎなどをすることがあります。これは緊張や不安をやわらげ、気持ちを落ち着かせようとする転位行動（→Ｐ63）。叱られてドキドキする気持ちを落ち着かせようとしているのです。

イタズラ対策

猫に「イタズラすると嫌なことが起こる」と思わせ、イタズラを減らしていきましょう。イタズラしそうになったら遊んで気をそらすのも効果的。

その場で叱る

イタズラした瞬間にその場で「ダメ！」と大きな声で短く叱ります。時間が経ってから違う場所で叱っても効果がありません。

猫を叱るには日頃の信頼関係が大切。信頼していない人から叱られると猫は恐怖心を募らせ、関係が悪くなってしまいます。

叱る前に防ぐ

壊れものや触られたくないものは手の届かない所へ。猫の嫌いなベトベトする両面テープで、入ってほしくない場所を囲むのも効果的。

飼い主がやっていると気づかれないよう後ろからそっとスプレーして

体罰は NG ！

叩いて叱ると猫が恐怖心や不信感を抱き、関係が壊れることも。代わりに水スプレーで「イタズラすると濡れる」ことを教えましょう。

トラブル④ 噛みつき・ひっかき

エスカレートする前にやめさせる対策を

猫は狩猟本能から、噛んだり、ひっかいたりします。完全になくすことはできませんが、放っておくと本気で噛まれて大ケガしてしまったり、来客や獣医師に攻撃してトラブルになることも。クセになる前に対処し、人に危害を加えないようにしましょう。

噛みつき・ひっかきの対策

クセにならないようにするには「噛んだりひっかいたりすると、いいことがない」と猫に思わせることです。

相手にせず、別室へ行く

大声を出して騒いだりすると、猫は「遊んでもらえた」と誤解しエスカレートすることも。無視して猫から離れましょう。

興奮させない

遊んでる時に興奮して手が出ることも。猫が興奮してきたら遊ぶのをやめ、落ち着かせましょう。

なでている時やお手入れ中に噛むのは「もうやめて」というストレスサイン。すぐにやめてやり方を見直しましょう。

トラブル❺ 異食

母親からの早期離乳が不安感を生む

猫がウール製品やビニールなど、本来口にしないものを噛んだり吸ったりしているうちに食べてしまうことを「異食」といいます。その原因として早期離乳による愛情不足が考えられ、ウールなどをお乳に見たてて吸っているうちに食べてしまうのです。

異食は腸閉塞（↓P156）や窒息などのトラブルにつながる危険な行為なので、しっかり予防しましょう。

異食の対策

異食を防ぐには、猫の身の周りの管理を徹底して行うことが大切。加えて、目の届く範囲内で遊ばせましょう。

異食の原因を隠す

猫が口にして困るものは、手の届かない場所へ。猫の嫌いなにおいのスプレーをかけるのも効果的です。

ウール製品・タオル・ビニール・プラスチック・毛・トイレの砂など、異食の好みは猫によって異なります。

遊んでストレス発散

猫のストレス発散と愛情不足を補うために、よく遊んでたっぷり愛情を注いであげましょう。

異物を口にしていたら遊んで気をそらしそっと猫からはなそう

猫の習性

不思議に思える猫の行動にも必ず理由があります。その多くが狩りをしていた頃の名残り。習性を知って適切な対処をしましょう。

狭い所が大好き

野生時代の猫は、岩穴など体がすっぽり入る狭い場所を寝床にしていました。その頃の本能から、今でも狭い場所の方が落ち着くのです。

猫のお土産

猫が虫や鳥などを捕らえて飼い主に持ってくるのは、親猫が子どもにエサを与えたり、狩りの仕方を教える行為だといわれています。

お土産を持ってきたら、騒いだり怒ったりせず「ありがとう」とほめ、猫が見ていないうちにこっそり処分しましょう。

トイレ前後に猛ダッシュ

野生の猫は巣の場所を悟られないよう、離れた所で排泄していました。外は危険と隣り合わせなので行きも帰りも猛スピード。トイレ前後の猛ダッシュは、その習性からです。

新聞紙を広げるとごろん

飼い主のジャマをしているのではなく、黙って動かなくなった飼い主に「暇なら遊ぼうよ」と誘ったり、関心を向けさせようとする行為です。

夜の運動会

猫は本来、夜行性で夕方から明け方に狩りをしていました。その習性から夜になると野生のスイッチが入り、走り回ったりするのです。

夜の運動会が近所迷惑や安眠妨害になる場合は、就寝前にたっぷり遊ぶようにしましょう。エネルギーが発散されれば猫も落ち着きます。

こんな時❶ 外出時

留守番は備えを万全に 猫の体調にも気をつけて

猫は本来、単独で暮らしていたため留守番が得意だといわれています。猫だけで留守番させる時も人に預ける場合でも環境を万全に整えておくことが大切です。また、見知らぬ環境を嫌う猫の場合、ホテルや病院に預けた後に体調を崩すこともあるので注意。

帰省などで猫を連れて外出する時は、キャリーバッグに入れて様子を見ながら無理のないように移動しましょう。

猫だけでの留守番

猫は1日に平均14時間寝て過ごすので、ひとりで留守番させても大丈夫。飼い主は2泊までなら外泊もできます。

ただし、飼い主の長期不在によるストレスで、体調不良になることも。家を空けた後は十分に遊んであげましょう。

事故のもとになる
ものは片付けて
ひも
ボタン
薬
つまようじ

外出時の預け先

3泊以上家を空ける場合は、信頼できる人に預けましょう。ワクチン接種が必須です。

・知人

猫と初対面の場合は事前に顔合わせをし、慣らせましょう。

・ペットシッター

家の鍵を預けるので信頼できる人柄か事前に確認しましょう。

・ペットホテル・動物病院

猫が安心して過ごせるか、事前にスタッフや環境の確認を。猫用のスペースがあればベスト。

猫だけで留守番させる時の準備

事故やイタズラを防ぎ、快適に留守番できるような環境を準備しましょう。いつも使ってる毛布や飼い主のにおいのするものがあれば猫も安心。

家電のコード
不要なものは抜いておき、猫が噛む恐れがあれば収納して。

エアコン
適温を保つようにタイマーや自動運転をセットして。

トイレ
掃除は済ませておき、外泊する場合は予備を用意。

フード・水
十分な水と傷みにくいドライフードを用意。水は複数用意しておくとベスト。

知人・ペットシッターに預ける時の準備

預かる人が猫の世話で困らないよう、事前準備をしっかりと。

愛猫のマニュアルを渡す
猫の世話の仕方や緊急時の対処法などを明記しておきましょう。

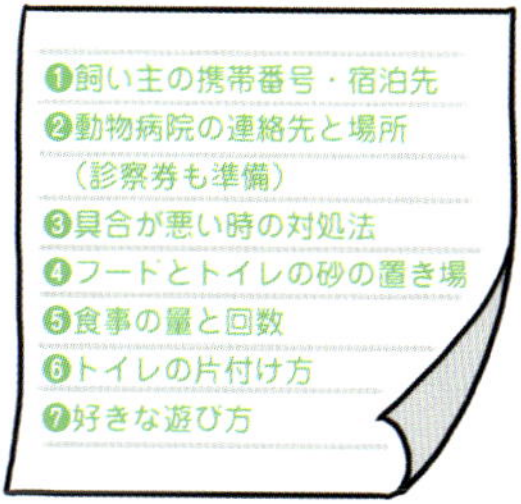
❶飼い主の携帯番号・宿泊先
❷動物病院の連絡先と場所
（診察券も準備）
❸具合が悪い時の対処法
❹フードとトイレの砂の置き場
❺食事の量と回数
❻トイレの片付け方
❼好きな遊び方

部屋が汚れた場合に備えて、掃除用具も準備しておきましょう。

こんな時❷ 来客時

猫にとって来客は縄張りを侵す侵入者

猫は「来客＝自分の縄張りに突然入って来た侵入者」だと思っています。来客の存在やにおいに不信感を抱き、おびえることもあります。来客の物にそそうするケースもありますが、それは見知らぬにおいを消すための行為。また、来客がいてトイレまで行けずそそうしてしまうことも。
　猫のストレスをやわらげつつ、来客に不快な思いをさせないよう、適度な距離を保つようにしましょう。

来客時の対策

　来客と無理に対面させず、猫が落ち着いて過ごせるように気を配りましょう。

猫を避難させる

来客が顔を合わせないよう、猫を別の部屋に移動させたり、ケージに入れておくといいでしょう。

1つの部屋に長時間入れておく場合は水やトイレも用意して。

来客の物は隠す

イタズラされて困る来客の靴やバッグ、上着などは、戸棚の中など猫の手の届かない場所に隠しましょう。

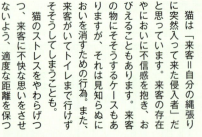

こんな時❸ 災害時

いざという時のために猫用にも万全の備えを

地震や台風、火事などの災害に備えて、猫のための対策も考えておきましょう。

同行避難できるように、準備しておくことが第一ですが、はぐれてしまった時のために、身元がわかるよう迷子札やマイクロチップの装着をしておきましょう（→P43）。長期避難が猫のストレスになる場合、知人やボランティアの一時預かりの利用も考えましょう。

災害時の対策

落ち着いて避難できるよう、普段からキャリーバッグに慣れさせておくのも大事です。

猫用の非常袋を準備する

避難所での生活に備え、以下の防災グッズの準備を。フードは小分けパックが便利です。

CAT FOOD

ドライフード、水（3日分程度）、食器、トイレ用品（シーツ・砂・トレイなど）、キャリーバッグ、洗濯ネット、リード、猫の写真数枚(迷子時のため)、いつも使っている毛布など。

問い合わせ先も
メモしておこう

猫が行方不明になったら

保護されている可能性もあるので、地元の獣医師会や動物救護活動をしているNPO法人、各ボランティア機関に問い合わせを。

こんな時④ 家族の変化

家族の変化は猫にも影響
徐々に不安を取り除いて

新しい家族が増えたり、慣れ親しんだ家族がいなくなることは、猫にとっても大きな変化。ストレスでそそうなどの問題行動を起こすことも。

家族に変化があった時には、できるだけ猫と触れ合う時間を作りましょう。コミュニケーションをとって不安をやわらげ、環境の変化に徐々に慣らしていくことが大切です。

家族の変化への対策

暮らしをともにする猫は家族の変化にも敏感です。ストレスを感じさせないように配慮してあげましょう。

新しい家族は徐々に慣らす

結婚などで家族が増える時は、猫と急に対面させず、その人の衣類などを事前にかがせ、徐々に慣れさせて。

赤ちゃんが生まれたら

家族の関心が赤ちゃんにばかり向かうと、猫のストレスに。猫を無視せず、触れ合う時間を大切に。

ケガやトラブルが起きないよう、猫と赤ちゃんが一緒にいる時は必ず大人が近くにいるようにしましょう。

こんな時❺ 引っ越し

徐々に慣れさせて猫のストレスを最小限に

環境の変化を嫌う猫にとって、引っ越しは大きなストレス。周りが変化していくのを見て不安になってそそうしたり、食欲不振や下痢になってしまうことも。猫の様子を見ながらまめに声をかけ、引っ越しを済ませましょう。猫ベッドやキャリーバッグなど、いざとなったら猫が逃げ込めるスペースを作っておくのも大切です。

引っ越しの対策

新居では1つの部屋に慣れたら次の部屋も、という風に少しずつ猫の行動範囲を広げていきましょう。

当日はキャリーバッグに入れて逃げないように

引っ越し準備・当日

一気に環境を変えないよう、荷作りは徐々に進めましょう。猫にまめに声をかけ、不安をやわらげて。

新居で猫を出すのは片付けが落ち着いてから

引っ越し後

これまで使っていたトイレやフード皿を前の家と同じように配置すると、猫の不安がやわらぎます。

第3章　猫のケア

耳・爪・体のお手入れなど

こまめなケアが猫の健康につながります。

触れ合いで絆も深めましょう。

ユカの家
ブブの毛あったかいな~
でれでれ
でもちょっと臭いかも…
お風呂は?
もわーーん
嫌がって…
猫は毛づくろいするからお風呂に入れなくていいっていうけど
ゴロゴロゴロゴロ…
くんくん
ネコの本
でもちょっと汚れが気になるな
じゃあ今度お店で洗ってもらおうか
車出すよっ
喜んで!!
これってデート?デートなの!?
数日後
本当に病院まで乗せてもらっていいの?
先輩についでにお願いすればいいよ
モモの避妊だっけ?
でも…
もう!そうやってうじうじするのがマユの悪いクセ!!
カチンッ
だから彼もできないんだよー

私はお姉ちゃんみたいに図々しくないもん!!
なにーーっ
ぷいっ
ビクッ
ふあ
またかにゃ〜
だいたい昔から…
お姉ちゃんだって…
ぎゃぎゃ
もういいっ私1人で行く
ドンッ
かぱ
ガッツンッ
あっ
ばっ
きゃーーっ
ダダダダ
どうしようモモ
ほとんど外に出た
ことないのに…
私のせいで…
落ち着いて!
手分けして
探そう
ガシっ
手伝ってー!
どうしたの?
う
うんっ!!

3
猫のケア

どこ行っちゃったの?
とぼとぼ
RRRR
もしもし お宅の猫ちゃんを見つけて…
迷子札見て…
本当ですか!?
CAT CAFE
にゃん にゃん
OPEN
うわーすごいっ
猫がいっぱい
わーかわいい〜
モモは…
この子ですよね
お客さんにゃー
にゃー
いらっしゃい
にゃー
ありがとうございます!
あ 何だかきれいに…
モモ〜
僕トリマーなんです
汚れてたのでシャンプーしておきました
さすがプロ! 私なんてひっかかれちゃって…
シャンプーの前に爪を切るといいですよ

オススメはこの順番です
①爪切り
ちょき
→P96～
②ブラッシング
スリッカー
コーム
→P98～
③シャンプー＆ドライヤー
→P102～
へぇ～
にゃ～
砂やゴミが入らないよう肉球の間の毛も爪切りの時にカットします
ミニバリカンでできます
シャンプー前のブラッシングで排水溝の毛の詰まりも防げます
なるほど
でもシャンプー自体嫌がるのは…？
嫌がるのに無理矢理すると猫のストレスになりますね
体調崩したり
イヤだにゃ～やめて～
そういう時は水のいらないシャンプーを使ったり
すすがずOK!
ふくだけ～
蒸しタオルで体を拭いてあげるのもいいですよ
猫の様子を見ながらケアしましょうね
はいっ
おっ

爪切り・耳掃除

鋭い爪はケガの原因
定期的な爪切りで予防を

爪が伸びると、壁や家具を傷つけるだけでなく、爪が折れたり、肉球にくい込むことも。人のケガを防ぐためにも、爪は定期的に切りましょう。

耳掃除もこまめにし、耳の状態の確認を。異変に気づきやすくなり、病気の早期発見にもつながります。毎日ケアしてもきれいにならない場合、外耳炎や中耳炎（→P159）の可能性もあるので病院へ。

爪切りに慣れさせる

猫が嫌がる場合は、顔と体をタオルで包み、足だけ出して切ると不安がやわらぎます。また、子猫の時から肉球をマッサージして、触られることに慣れさせておくと苦手意識がなくなります。

猫のストレスにならないよう早く終わらせるのが大切

2タイプの爪切り

使いやすく、爪切りが早く終わるものを選びましょう。

・ハサミタイプ

丸く切れた刃に爪をはさんで切ります。通常のハサミと同じ要領なので初心者にもオススメ。

・ギロチンタイプ

円形の隙間に爪を入れ、切り落とします。慣れると素早くでき、猫のストレス減にも。

ハサミタイプ

ギロチンタイプ

爪切りの手順

目安は2週間に1回ですが、伸びていたら切るようにしましょう。

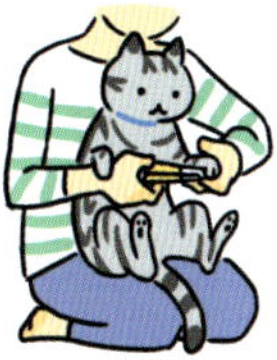

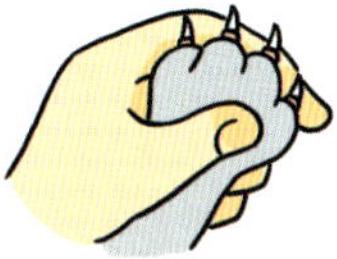

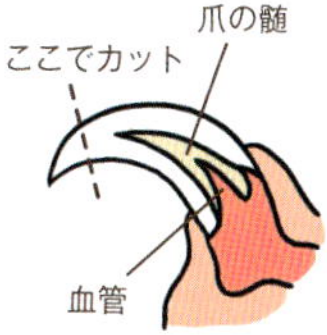
爪の髄
ここでカット
血管
血管を切らないように注意

❶猫を抱っこする
猫を膝に乗せ、安定するよう後ろからしっかり抱きかかえます。

❷爪を出す
指の付け根と肉球を押さえて、普段はしまってある爪を出します。

❸爪の先端を切る
爪の先端2～3㎜の透明のところに刃を当てて切ります。

耳掃除の手順

週に1回は耳の状態をチェックし、月1回は掃除をしましょう。

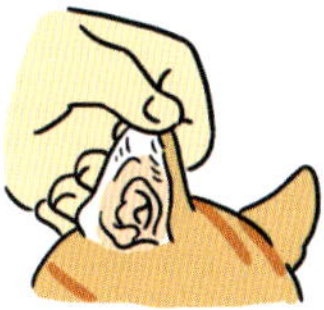

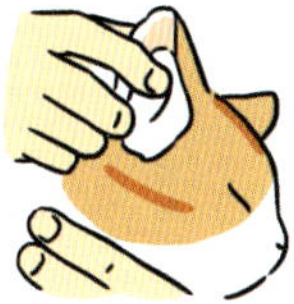
綿棒は奥まで入れないように

❶猫の頭を固定する
猫が苦しくない程度に首元に手を当て、動かないよう押さえます。

❷状態をチェック
耳をめくり異常がないか確認。黒い粒々は耳ダニかも（→P159）。

❸汚れを拭き取る
水をつけたコットンで耳の中を拭き、綿棒で汚れを取ります。

粘着性の耳あかが出やすい猫は、外耳炎を起こしやすいので注意しましょう。

ブラッシング

定期的なブラッシングは清潔で健康な体を保つ

猫はざらざらした舌をクシ代わりにして毛並みを整え、体を清潔に保ちます（グルーミング）。ブラッシングは、グルーミングだけでは取りきれない汚れやほこりを取り、毛を艶やかにし、皮膚をマッサージして血行をよくする効果があります。

ブラッシングの役割

・汚れと抜け毛を取る
グルーミングで猫が飲み込む毛を減らし、胃への負担や毛球症（→P157）などを防ぎます。

・毛玉をなくす
毛の絡まりを防ぎ、毛玉トラブル（→P101）を予防できます。

・健康チェック
猫の体に触れる機会が増え、毛や皮膚の異常に気づけます。

猫に洋服を着せるとグルーミングができずストレスになることも。病気のケア以外は着せない方がオススメ。

ブラッシンググッズ

・ラバーブラシ（短毛種）
毛をとかし、抜け毛を取るゴム製ブラシ。毛量の少ない猫には細めの目を。

・ピンブラシ／スリッカー（長毛種）
毛をとかし、抜け毛を取ります。毎日のケアには毛が切れにくいピンブラシ、抜け毛をしっかり取りたい時にはスリッカーを。

・コーム（短・長毛種）
絡んだ毛をほぐし、ブラッシングの仕上げに毛を整えます。

ブラッシングの手順〈短毛種〉

目安は1日1回。顔の方からやると怖がるので、体の後ろの方から始めましょう。マッサージ(→P108)でリラックスしてから行うとスムーズに。

事前にブラッシングスプレーや水のスプレーを猫の上の空間にかけると、静電気や毛が舞うのを防げます。※かけすぎると蒸れて皮膚炎（→P161）を起こすので注意。

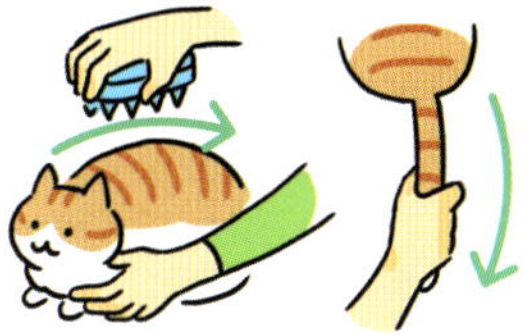

❶背中・腰→おしり・しっぽへ

毛並みに沿うよう、ラバーブラシで背中から下半身をとかします。しっぽは手にスプレーをし、付け根から先をなでます。

❷お腹から胸へかけてとかす

抱っこしてお腹から胸の毛をめくり、もとの毛並みに戻るようにとかします。この時ケガや傷がないかのチェックもしましょう。

❸前足と顔まわりをとかす

目にブラシが入らないよう、中心から外に向かってとかします。

❹コームで全体を仕上げる

最後にコームで毛並みを整え、仕上げます。

短毛種の場合、手にスプレーをして、猫の背中から顔まわりにかけて体をなで、抜け毛を取り除くハンドグルーミングをしてもOKです。

ブラッシングの手順〈長毛種〉

毛が長く、絡まりやすいので毎日丁寧に。春・秋の換毛期は 1 日数回できるとベストです。ブラッシング前には必ずスプレー（→P99）を。

❶背中・腰→おしり・しっぽへ

毛並みに沿うよう、スリッカーで背中から下半身をとかします。しっぽは付け根から先へ、毛をほぐすようにとかします。

❷内股・お腹から胸へ

抱っこして内股をとかします。お腹から胸の毛をめくり、もとの毛並みに戻るようにとかします。猫が嫌がるお腹と内股は手早く。

❸わきをとかす

前足を上げてとかします。毛玉のできやすいところなので丁寧に。

❹あごから胸をとかす

あごを上げ、絡まりやすい内側を上から下にとかします。

❺顔まわりをとかす

目に入らないよう毛並みに沿ってとかします。顔の中心部分はコームで。

❻コームで全体を仕上げる

毛玉のひっかかりがないか確認しながら、丁寧にとかします。

毛玉トラブルについて

長毛種にできやすい毛玉。大きくなりフェルト状に固まると、猫にダメージを与えます。ブラッシング時に毛玉チェックとケアもしましょう。

毛玉ができやすい場所

猫がかいたり、動いて体が擦れると、静電気が起きて毛玉ができます。

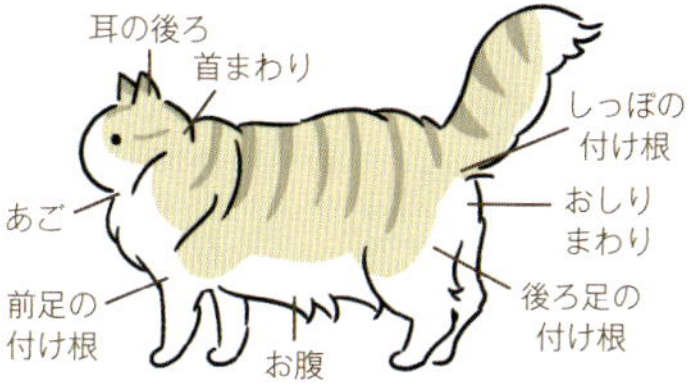

耳の後ろ
首まわり
しっぽの付け根
あご
おしりまわり
前足の付け根
お腹
後ろ足の付け根

いろいろなトラブルの元に

毛玉ができると皮膚が引っ張られ､炎症や皮膚炎（→ P161）の原因に。痛みから、人に触られるのを嫌がるようになることも。

毛玉の取り方

毛の根元を片手で押さえ、コームで毛先から少しずつほぐします。固い場合は、皮膚を傷つけないようミニバリカンなどで切ります（難しい場合は病院やトリマーに相談を）。

トリマーに任せたいケア

素人に難しいケアは信頼できるトリマーにケアしてもらいましょう。

- サマーカット
（夏に快適に過ごせるよう、毛を短くカットすること）
- 毛玉防止の部分カット
- 足まわりのカット
- 爪切り　●シャンプー
- ブラッシング etc

長毛種はおしりに
うんちがつかないよう
部分カットも効果的

トリミング時に猫が暴れる場合、麻酔を使用するところもあります。気になる場合は事前に病院やトリマーに確認をしましょう。

シャンプー

猫の体調を見ながら手早く済ませる

シャンプーは体の汚れやノミを取り、被毛を美しく保ちます。猫は水が苦手ですが、足をお湯につけることから始め、少しずつ慣れさせると恐怖心もやわらぎます。毛をめくりながらドライヤーをかければ、皮膚の状態や傷の確認にも。

猫のそばでドライヤーを使って音に慣れさせて

事前のチェック

シャンプー前に以下の確認を。

・猫の体調
排泄物に異常がないかを確認し、食欲や元気がない時は避けましょう。

・猫の爪
ケガ予防に爪を切りましょう。

・ブラッシング
事前に被毛をとかし、毛のもつれを取っておくときれいに。

・グッズなどの準備
時間短縮のため、グッズは事前に準備し、室内は適温に。

シャンプーグッズ

・シャンプー
猫用で無香料・天然成分のものを。未去勢のオスはしっぽの付け根に皮脂がたまる「スタッドテイル」になりやすいので、対策用シャンプーも効果的です。

・スポンジ
シャワーを嫌う猫や繊細な顔まわりには、スポンジにお湯を含ませてすすぎます。

・タオル
吸水性の高い大判のタオルを。

・ドライヤー
静かで風量調節できるものを。

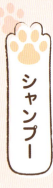

シャンプーの手順

短毛種は3ヵ月に1回、長毛種は月に1回を目安に。ただし、猫のストレスになるなら無理強いせず、別の方法でケアしましょう（→ P95）。

耳にお湯が入ると
外耳炎の恐れも
あるので注意

❶体にお湯をかけて濡らす

足→背中→頭の順で35～37℃の人肌程度のお湯をかけます。

おしりを洗う時は
しっぽを片手で上げて

❷下半身を洗う

シャンプーを泡立て、腰からお腹・後ろ足・おしり・しっぽを洗います。

❸上半身を洗う

背中→前足・胸を洗います。長毛種は毛をもむように。

❹顔まわりを洗う

首の下と顔を洗います。シャンプーや指が目に入らないよう注意。

シャワーヘッドを
猫の体につけると
音やしぶきの緩和に

❺体全体をすすぐ

顔→おしりの順に。すすぎ残しがないように、足を持ち上げて。

おしりの方からかけます

❻乾かしてブラッシング

タオルドライの後、ドライヤーの送風で乾かしてブラッシングを。

ドライヤーを嫌がる場合、タオルドライ後に暖かい室内で自然乾燥か、ケージに入れ外からゆるめにドライヤーを（ケージが熱くならないよう注意）。

歯磨き・目ヤニ

毎日のケアで歯や目の病気を防ごう

普段ケアを忘れがちな歯や目ですが、放っておくと歯周病（→P160）や結膜炎（→P158）など病気になりやすい場所でもあります。猫が自分でできない部分のケアは、飼い主がしっかりしてあげましょう。オーラルケアのドライフードで歯石予防するのも一つの方法です。

歯磨きで歯周病予防

歯周病は猫がかかりやすい病気の一つ。歯垢を放っておくと歯石になり、歯ぐきが炎症を起こして歯が抜けてしまうことも。猫は入れ歯などができないので、消化や健康にも悪影響を及ぼします。歯磨きで予防し、歯石が付いたら獣医師に取ってもらいましょう。

まめなケアで
しっかり予防！

目の症状チェック

目に異物が入ったり、アレルギー反応を起こすと目ヤニや涙が出ます。そのままにしておくと涙やけで猫の毛の色が変わってしまうことも。汚れを見つけたらすぐにケアし、異常を見つけたらすぐ病院へ。

鼻の低いペルシャなどは
涙の分泌量も多いので
こまめにふきましょう

歯磨きの手順

目安は週に 1 回。顔をマッサージ（→ P109）し、リラックスした後に行うとスムーズです。慣れてきたら猫用の歯ブラシで磨いても OK。

ここに汚れがたまります

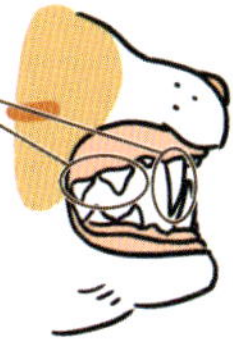

❶口の中をチェック
歯ぐき・歯垢・歯石・口臭をチェックし、異常がないかを確認。

❷ガーゼで奥歯を磨く
指にガーゼを巻き、水で湿らせて奥歯から順に磨きます。

❸犬歯と前歯を磨く
歯垢が付きやすい犬歯をしっかり磨き、前歯も磨きます。

目のケアの手順

目の病気を予防するために、ケアを毎日行うのが効果的。目を傷つけないようにコットンなどのやわらかな布を使ってケアしましょう。

コットンを濡らすと乾いた目ヤニも落としやすくなります

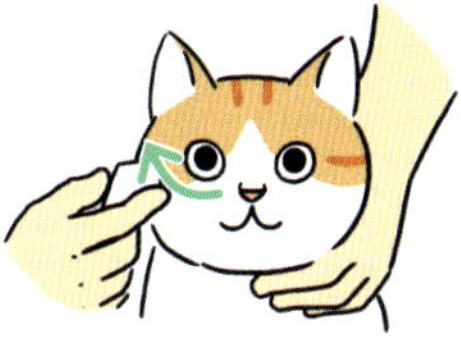

❶目頭を拭く
水で湿らせたコットンを目頭に当て、下方向に拭きます。

❷目のまわりを拭く
コットンで目のまわりの汚れも丁寧に拭き取ります。

黄色や黄緑がかった粘着性の目ヤニは、病気の可能性もあるので病院へ。

ノミ・ダニのケア

こまめな掃除とケアで ノミ・ダニの侵入を防ぐ

外部寄生虫のノミやダニは、他の猫や汚染された環境からうつり、かゆみや皮膚炎（→P161）などを引き起こします。人にうつることもあるので、室内や猫を清潔に保ち、徹底して駆除しましょう。

ノミはつぶすと
卵が飛び散るので
キッチン用洗剤や
石けん水に入れて処分を

ノミの発見方法・治療

猫につくネコノミは、猫の体に卵を産みつけ、驚異的な速さで繁殖します。

発見方法

ノミ取りコームで被毛をとかし、ノミのフンである黒い小さな粒があるかを確認。

治療方法

市販のノミ取り薬には殺虫剤や農薬成分が入っていて、「よだれが止まらない」など副作用を起こすものも。必ず獣医師に薬を処方してもらいましょう。

ダニの発見方法・治療

主に耳や顔、体につきます。なかでも耳ダニ（→P159）は免疫力が低い子猫への感染率が高いので注意しましょう。

発見方法

耳の中に黒い耳あか（ダニのフンや死骸）がないか、顔まわりに異常がないか、体にフケや湿疹がないか確認を。

治療方法

ダニの種類で治療法も異なるので、市販薬を自己判断で使わず、獣医師に駆虫剤などを処方してもらいましょう。

ノミ・ダニ対策のポイント

ノミやダニは高温多湿を好み、特に梅雨～夏に活発に繁殖するので、しっかり対策を取りましょう。

掃除をこまめに

掃除機のゴミの中にノミやダニ、卵が生きている可能性もあるので、殺虫剤を入れて素早く処分を。

猫が使う毛布やぬいぐるみ
クッションも洗濯して

衣類を払ってから家へ入る

人間が服にノミやダニをつけて室内に持ち込む可能性も。外で服をよく払ってから家に入りましょう。

猫のケアを念入りに

普段のブラッシングに加え、ノミ取りコームですみずみまでとかし、ノミが寄生していないか確認しましょう。

猫の手が届かない
しっぽの付け根に
ノミがつきやすいよ

空間処理剤を使用する

殺虫力のある空間処理剤でノミやダニを一度に退治してしまいましょう。駆除後も掃除はこまめに。

猫が気持ちよくなるマッサージ

猫がリラックスしている時に、気持ちのいいポイントやなでてほしいと体を向けてくる場所をやさしくなで、仲を深めましょう。

耳

猫がグルーミングできず、なでられると気持ちがいいところ。親指と人差し指で耳をもむようにマッサージしたり、耳の裏をかくようになでて。

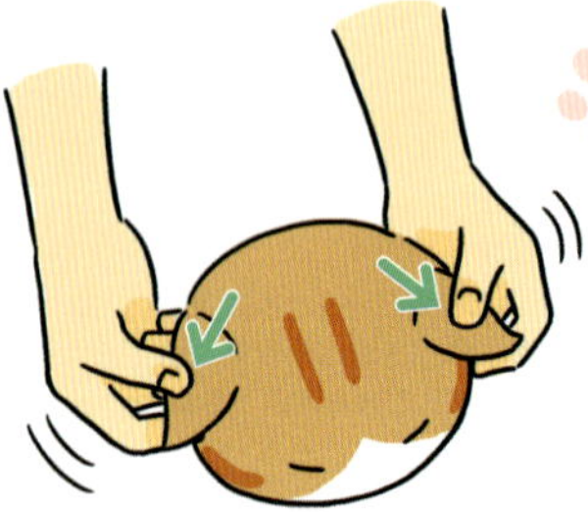

耳の先端に向かって
やさしくなでます

あご

あごの下にはかゆくなる臭腺があります。自分ではうまくかけないので、かゆそうにしていたら少し強めにかいてあげましょう。

のどを伸ばしてきたら
指の腹でなでてあげましょう

顔まわり

顔は子猫時代に母猫によくなめられた場所です。毛の流れに沿ってやさしくなでてあげましょう。

首

首の後ろ側にも臭腺があるので、むずがゆくなります。少し強めにかいてあげましょう。

背中

毛並みと骨格に沿ってゆっくりなでましょう。手をクシのようにしてなでてあげるのもオススメです。

食事中・グルーミング中・遊びに夢中になっている時、猫は触られるのを嫌がります。そういう時になでるのは避けましょう。

第4章　猫の食事

健康づくりの基本は食事。

猫の成長や体調に合わせて

栄養たっぷりのご飯をあげましょう。

ふかふか
すごい！ふかふかだ
猫カフェの加藤くんにしてもらったの
これからは毛玉ができないよう家でもお手入れしようね
スリッカー
ふかふか♡
苦しゅうない なでるがよいぞよ♢
しかし…
あれはでぶでぶでは…
でっぷり
ゴロゴロ
私もブブのこと言えないかも
実家
しゃなり しゃなり
やっぱりブブは太り気味かも
よっ
よっ
猫の肥満度はメジャーでわかるわよ
そうなの？

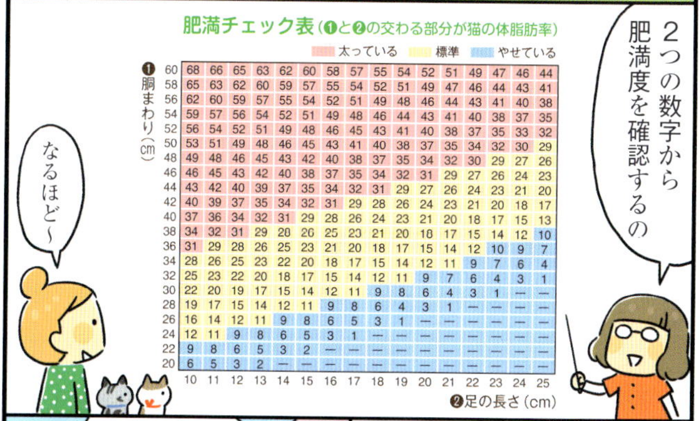

肥満チェック表（①と②の交わる部分が猫の体脂肪率）

太っている　標準　やせている

①胴まわり（cm） ＼ ②足の長さ（cm）	10	11	12	13	14	15	16	17	18	19	20	21	22	23	24	25
60	68	66	65	63	62	60	58	57	55	54	52	51	49	47	46	44
58	65	63	62	60	59	57	55	54	52	51	49	47	46	44	43	41
56	62	60	59	57	55	54	52	51	49	48	46	44	43	41	40	38
54	59	57	56	54	52	51	49	48	46	44	43	41	40	38	37	35
52	56	54	52	51	49	48	46	45	43	41	40	38	37	35	33	32
50	53	51	49	48	46	45	43	41	40	38	37	35	34	32	30	29
48	49	48	46	45	43	42	40	38	37	35	34	32	30	29	27	26
46	46	45	43	42	40	38	37	35	34	32	31	29	27	26	24	23
44	43	42	40	39	37	35	34	32	31	29	27	26	24	23	21	20
42	40	39	37	35	34	32	31	29	28	26	24	23	21	20	18	17
40	37	36	34	32	31	29	28	26	24	23	21	20	18	17	15	13
38	34	32	31	29	28	26	25	23	21	20	18	17	15	14	12	10
36	31	29	28	26	25	23	21	20	18	17	15	14	12	10	9	7
34	28	26	25	23	22	20	18	17	15	14	12	11	9	7	6	4
32	25	23	22	20	18	17	15	14	12	11	9	7	6	4	3	1
30	22	20	19	17	15	14	12	11	9	8	6	4	3	1	—	—
28	19	17	15	14	12	11	9	8	6	4	3	1	—	—	—	—
26	16	14	12	11	9	8	6	5	3	1	—	—	—	—	—	—
24	12	11	9	8	6	5	3	1	—	—	—	—	—	—	—	—
22	9	8	6	5	3	2	—	—	—	—	—	—	—	—	—	—
20	6	5	3	2	—	—	—	—	—	—	—	—	—	—	—	—

肥満チェック表 参考：PREDICTION THE BODY COMPOSITION OF CATS: DEVELOPMENT OF A ZOOMETRIC MEASUREMENT FOR ESTIMATION OF PERCENTAGE BODY FAT IN CATS. A Hawthorne, RF Butterwick, Waltham Centre for Pet Nutrition,Waltham-on-the-Wolds,Leicestershire, UK.

お客さんでも猫の肥満に悩む人が多いですよ
そうなんですね
肥満になるとこんな病気にもかかりやすくなります
《かかりやすい病気》
・尿石症（→P155）
・皮膚炎（→P161）
・糖尿病（→P162）
・関節炎（→P163）
・下痢　・便秘
こわーい
標準的な猫に比べて麻酔も多量になるので
手術や治療の時猫に負担もかかります
いやにゃ〜
肥満の原因の1つは目分量でフードをあげること
おたべ〜
ガサガサー
にゃーん
いつもそう
ドキッ
猫がどれだけ食べてるかわかりにくいし
ちょうだい
ちょうだい
ねだられるままあげるのはNG
あるだけ食べて肥満のもとに

人間の食べ物をあげる人もいますが…
おたべ～
にゃ～
塩分もあるし猫の体によくないですね
ぐさぐさ
かつお節も尿石症（→P155）の原因の1つになります
かつおぶし
そうなの!?
ブブの大好物…
かわいがるつもりでも猫に毒ならやめた方がいいわね
わかった!!
じゃあ今日からフードを減らして運動させる！
ダイエット
フード量だけ減らすと栄養不足で毛ヅヤが悪くなることも…
ダイエット
じゃあどうしたら…
低カロリーで栄養価の高いフードを量ってあげれば大丈夫
獣医さんに相談するのもオススメ
ダイエット用キャットフード
お姉ちゃんもダイエットしたら？
大きなお世話よ！
プニ

猫に必要な栄養

バランスのとれた食事と新鮮な水を与える

愛猫の長生きには、栄養バランスのとれた食生活が大切です。猫の食事の基本を押さえ、成長や体調に合わせて食事を正しく与えましょう。

また、水分補給も重要。もともと砂漠で生きていた猫は、あまり水を飲む習慣がありませんが、水分不足は尿石症や膀胱炎（→P155）を招きます。猫が水を十分に飲める環境づくりを心がけましょう。

水のポイント

水が飲みやすいよう気配りを。

・常温の水を与える

水道から出してすぐの水は、冷たすぎることもあるので注意。

・ヒゲのあたらない食器を

猫はヒゲがあたるのを嫌うので広めの食器を準備しましょう。

・カルキ臭対策をする

猫は嗅覚が鋭く、水道のカルキ臭を嫌がることも。その場合はボトルに水と炭を入れ、においを取ってから与えましょう。

水の与え方

水は1ヵ所だけでなく、部屋のあちこちに置くと飲む回数が増えます。また、人間用のミネラルウォーターはマグネシウムとカルシウムが多過ぎるので与えてはダメ。市販の水を与えるなら、猫用のものを。

循環式の給水器だと
新鮮で動く水に興味を
持って飲むように

猫に必要な栄養素

本来肉食である猫は、人や犬と比べてタンパク質が多く必要です。猫にとって重要な栄養素を知り、過剰摂取に気をつけて与えましょう。

五大栄養素	栄養の働き
タンパク質	血液・内臓・筋肉・被毛を作り、エネルギーになる。猫が体内で作れないタウリンを含んだものを与えるのが大切。タウリン不足になると失明や心筋症（→ P163）の恐れも。
脂肪	エネルギーになり、必須脂肪酸には免疫機能を高める働きも。摂りすぎは肥満やさまざまな病気を招くので注意。
炭水化物	糖質と繊維質から構成されており、糖質はエネルギー源にもなる。腸管の健康維持にも効果的。
ビタミン	猫の体内で作れないビタミンA・B1・Eなどを食事から摂るのが大切。Aは皮膚や粘膜を正常に保ち、Eは黄色脂肪症の予防に役立つ。
ミネラル	骨や歯を形成するカルシウムやリン、赤血球を作る鉄分やマグネシウムが必要。ただし摂りすぎると尿石症（→ P155）の原因になるので注意。

三大栄養素の理想バランス

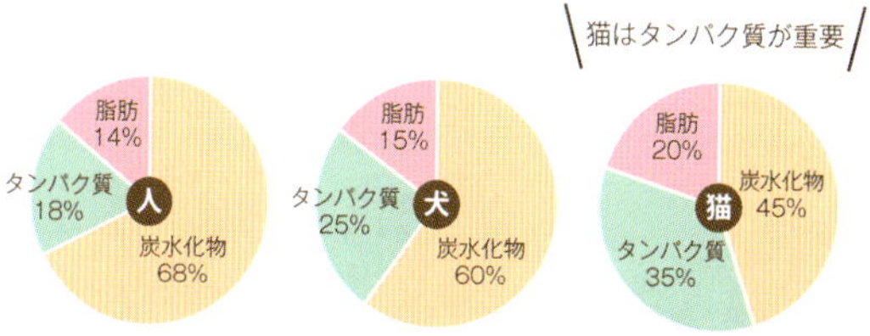
猫はタンパク質が重要
人
脂肪 14%
タンパク質 18%
炭水化物 68%
犬
脂肪 15%
タンパク質 25%
炭水化物 60%
猫
脂肪 20%
炭水化物 45%
タンパク質 35%

猫と犬で必要な栄養素やバランスは異なります。猫にドッグフードを与えると必要な栄養が摂取できず、さまざまな健康トラブルを起こすので注意。

成長に応じた食事

成長に必要な栄養を与え健康で長生きな猫に

猫のライフステージは「成長期（子猫）」「維持期（成猫）」「高齢期（老猫）」にわかれます。ステージに合わない食事を与えると栄養不足になったり、肥満になることも。成長に応じた適切な食事を与えるようにしましょう。

いろいろな対策フード

猫の体をケアするフードには、毛玉の排泄を助ける「毛玉対策」、歯石が付きにくい「歯石対策」、低カロリーの「肥満対策」などがあります。食事療法のための「療養食」もあるので体調に合わせて取り入れましょう。

療養食は病院で
診断を受けてから
与えるように

- 下部尿路疾患
- 腎臓ケア
- 肝臓ケア
- 心臓ケア
- 下痢気味
- 食物アレルギー
- 糖尿病　etc

猫草で毛玉ケア

猫はグルーミングで飲み込んだ毛を吐き出すため、草を食べる習性があります。間違って有毒な植物（→P128）を食べないよう、燕麦《えんばく》というイネ科の猫草を与えるようにしましょう。

吐くのが負担になるなら
排泄物で毛が出せるよう
対策フードを与えて
毛玉ケア

ライフステージ別の食事

猫の年齢や運動量・体調で必要な栄養素が異なるため、成長に合わせてフードの内容や回数・量を変えましょう。病気予防フードも取り入れて。

成長期（子猫：～1歳）

成長のため、成猫以上のタンパク質・脂肪・ミネラルが必要に。生後4カ月までは1日3～4回、それ以降は1日2回に分けて与えます。

成長しきったら
1歳未満でも成猫用に
切り替えます

子猫は消化吸収力が未熟なため、消化しやすいフードを少量に分けて与えましょう。生後0～8週間は猫用ミルクや離乳食を与えます（→P147）。

維持期（成猫：1～7歳）

この時期の食生活が、猫の健康に大きな影響を与えます。栄養バランスのとれた成猫用フードを1日2回与えます。

肥満や尿の病気に
なりやすいので
対策フードも

高齢期（老猫：7歳～）

運動量が減るため、成猫用を与えていると肥満に。ビタミンE・C、タウリン、食物繊維が豊富で低カロリーのものを1日2回与えます。

食欲はあまり
衰えないのでカロリー
オーバーに注意

歯槽膿漏《しそうのうろう》などで固いものが食べにくくなったら、やわらかいものを与えましょう。

フードの種類・選び方

猫の成長段階に合わせて適切なものを選ぶ

猫の健康づくりの基本になるフード。ドライ・ウェットに加え、ジェルやスープ状のタイプなど、種類はさまざま。猫の年齢や体質に合わせて与えましょう。開封後はきちんと保管し衛生的に。

食物アレルギーの猫は
獣医師と相談して

基本は総合栄養食

毎日のフードには「総合栄養食」を選びましょう。新鮮な水と一緒に与えれば、健康維持に必要な栄養がバランス良く摂れます。年齢・成長段階・機能ごとに種類が出ているので、猫の成長・体質に合うものを。

ペットフードの資格を
持った店員や病院に
相談するのも

好き嫌いを減らす

ウェットを常食していると猫がグルメになり、それ以外は食べないという好き嫌いが出ることも。また、病気などで食事を変える際、ウェットよりドライに慣れている方が好き嫌いなく変更にも適応してくれます。

ドライが主食だと
お財布も助かるわ
カリ
うまい
カリ

フードを選ぶチェックポイント

パッケージの表記を確認し、フード選びの参考にしましょう。

フードの種類

主食には「総合栄養食」と表記されているものを。
その他、おやつなどの「間食」や「栄養補助食」、
食事療法のための「療養食」などがあります。

賞味期限

未開封で保存した場合に栄養価が保証される期間です。期限まで1ヵ月以上あり、なるべく新鮮なものを選びましょう。

内容量・与え方

時間が経つとフードの油脂成分が劣化するので、1日に与える量を参考に、1ヵ月以内で食べきれる量を購入しましょう。

適正年齢・機能

成長段階に合わせてカロリーや栄養素が調節されています。年齢に合うもので、猫に必要なケア機能がついたものを選びましょう。

原材料表示・栄養成分量

原材料は使用量の多い順に記載されているので、猫に一番必要なタンパク質である肉・魚類が最初にあるものを選びましょう。

小分け包装されているものだと香りも良く、新鮮な状態で与えられます。

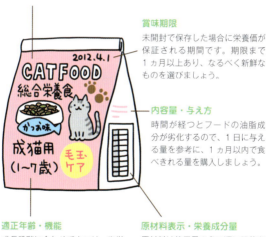

フードの種類と特徴

それぞれの特徴とコストを踏まえて選びましょう。猫の体調に合わせ、組み合わせて与えるのも効果的です。

	特徴	注意点	水分含有量
ドライフード	カリカリの固形フード。肉や穀物などの素材がミックスされ、栄養バランスに優れている。開封後も腐敗しにくく、保存性が高い。ウェットに比べて安価。	水分含有量が低いので、必ず水分補給もするように。	約10%
半生フード	しっとりとした感触で、風味・嗜好性が高い。水分を保つため、湿潤調整されており、やわらかいので子猫や老猫も食べやすい。	開封後は水分蒸発で乾燥しやすいので、密閉保存を。	約25～35%
ウェットフード	風味が良く、嗜好性が高い。高タンパク・高脂肪で、少量で高カロリーを摂取でき、食が細い猫や食欲が落ちている猫に適している。フードから水分補給ができる。	開封しなければ長期保存可能だが、開封後は酸化が進み、傷みやすい。	約75%

ウェットは開封後
冷蔵庫で保存しながら
翌日までに使い切って
ドライは開封後
1カ月で使い切ってね
CATFOOD

その他、ジェルやスープタイプなどがあります。体調の悪い時に高カロリーのものや食べ慣れないもの、味の濃いものを与えると悪化するので注意。

フードの保存方法

開封したフードは適切に保存しないと品質が悪くなることも。劣化したものを猫が口にして体調を崩さないよう注意しましょう。

ドライには湿気を防止する
乾燥剤も一緒に入れてね

密閉容器に入れる

開封後はジッパーやふた付きの密閉容器に入れましょう。猫が手を出してもこぼれず、乾燥防止にも効果的です。

高温多湿を避けて保存

ドライは直射日光の当たらない冷暗所へ。冷蔵庫保存はカビの発生を招くのでNG。ウェットは開封後、冷蔵庫で翌日まで保存可能。

ウェットは１回分ずつ
ラップで包んで冷凍し
レンジで解凍して与えてもOK

スッ
FOOD
猫が開けないよう
戸棚のガードも！

猫の手が届かない場所に

猫が見つけてイタズラや盗み食いをしないように、猫の手の届かない戸棚などに保管しましょう。

フードの与え方

適正な量のフードを規則正しい時間に与える

　栄養バランスのとれたフードを選んでも、与え方を間違えれば肥満や病気を招きます。愛猫が必要な栄養をきちんと摂れるよう、与え方や食事環境にも気を配りましょう。

　また、食欲がない時は原因を調べましょう。口内炎（→P160）などの口まわりのトラブルや、風邪（→P160）で鼻がつまり、においがわからなかったなど、猫の不調のサインも発見できます。

早食い防止には

　もと野良猫や多頭飼いの場合、横取りされないよう早食いになることも。早食いは消化に悪く、食べ過ぎて肥満や嘔吐につながることも。フードを一度に出さず、数回に分けて少しずつ与え、早食いをなくしていきましょう。

部屋の隅など、落ち着くところに食事場所を移動するのも効果的

多頭飼いは皿を分ける

　多頭飼いの場合は、猫の数だけ食器を用意しましょう。同じ皿でまとめて与えると、猫の年齢や体質に合わせたフードにすることができません。また、それぞれの食事量がわからず、健康チェックがしにくくなります。

横取りする場合は食器の場所を離したりケージで与えたりしましょう

食事を与える時の基本

基本を守って与え、猫の様子や体調を見ながら、量や回数を調整するようにしましょう。

1週間分をまとめて測って
小分けにしておくとラク

適正量を量って与える

目分量だと日によって増減し、必要な量を適切に与えられません。パッケージに記載されている量を計量カップで量って与えましょう。

規則正しく与える

ライフステージに合った食事（→P119）を、朝晩の決まった時間に与えましょう。おねだりに応えると過食するので注意。

食欲旺盛な猫は1日の量を小分けにし
食事回数を増やすと満足します

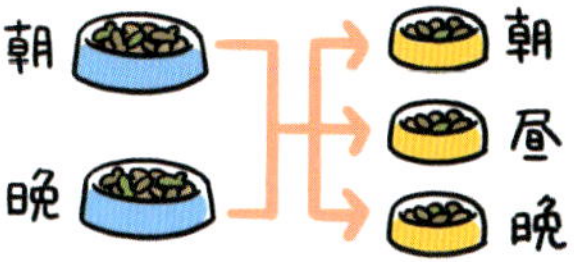
朝
晩
朝
昼
晩

食べ残したフードに
新しいものを追加すると
腹痛の原因にも

食後はすぐに片付ける

フードが出しっぱなしだと、気まぐれに少しずつ食べるダラダラ食いが習慣化し、肥満や病気の原因にも。フードも傷み、不衛生なので食後はすぐ片付けて。

食器に残ったフードのカスや水分が微生物の繁殖を招くことも。食後は食器をきれいに洗って乾燥させ、いつも清潔にしましょう。

食欲がない時のフードアレンジ

食欲がない時や出したものを食べない時は、いつものフードにひと工夫を。少し手を加えるだけで食欲が刺激され食べるように。

10秒単位で加熱し
人肌程度に温めましょう

温める

猫は嗅覚が優れているので、味よりもにおいに食欲がそそられます。フードを電子レンジで軽く温めるとにおいが増し、猫の食欲が刺激されます。

ふやかす

ドライフードにお湯を加えてふやかすと食べやすくなります。やわらかくなってにおいが増し、食欲増進にも。

離乳食からドライフードに切り替える子猫や、老化や口のトラブル、歯が弱っている猫でも食べやすく、効果的です。

あんかけをプラス

煮干しか鶏肉のささみで取っただし汁にほんの少し片栗粉を加え、とろみをつけたあんかけをフードにかけると、においと風味がアップします。

においをプラス

使い捨てのお茶パックにかつお節を入れ、フードを保存している袋や缶に入れておきます。フードにかつお節のにおいがうつって食欲増進に。

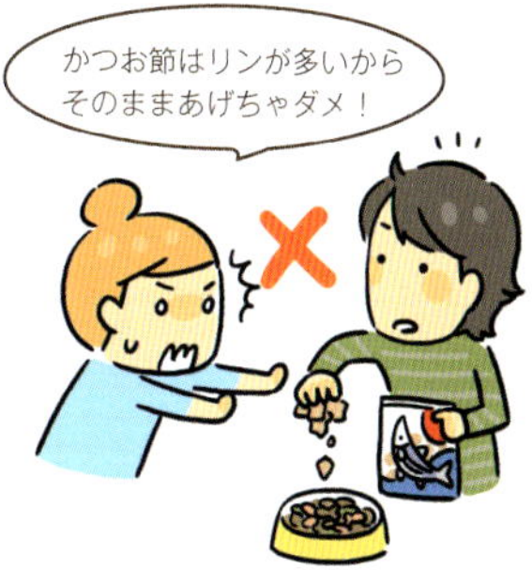

ウェットをトッピング

いつものドライフードにウェットフードを少量トッピングします。新鮮な食感や風味が加わり、食いつきがよくなります。

食欲ダウンに加え、「元気がない」「毛ヅヤが悪い」などの体調不良が見られる場合は、病気の可能性もあるので病院で診てもらいましょう。

食べてはいけない物

安易に与えるのは猫にとって危険なこと

猫は人間の食べ物にも興味を示しますが、食べてはいけない危険な物も多く、下痢や貧血を起こしたり、塩分過多で腎臓を悪くします。ひどい時には死に至るケースも。

危険な物は猫の手の届かないところへ。もし食べてしまった場合、無理に吐かせると悪化する恐れもあるので、必ず獣医師の指示を仰ぎ、適切な対処をしましょう。

人間のご飯はダメ

おねだりされると、つい人間の食べ物をあげたくなりますが、猫の栄養バランスを崩すだけでなく、危険な食べ物を与えてしまう可能性もあるのでやめましょう。

また、おねだりで飼い主とコミュニケーションをとろうとする猫の場合は、たくさん遊んであげることでおねだりを減らしていくようにしましょう。

食べてはいけない植物

猫に有毒な植物は700種以上とも。室内に飾る時には危険なものは置かないように。

猫に有毒な植物

- アジサイ
- ヒヤシンス
- アサガオ
- チューリップ
- アイビー
- ポインセチア
- パンジー
- アロエ
- スミレ
- サツキ etc
- ツツジ
- スズラン
- ユリ

ティーツリーなど、アロマの精油で中毒を起こすこともあるので注意。

猫に与えてはいけない物

ほんの少しでも猫の健康に悪影響を及ぼすので与えないようにしましょう。加工食品も添加物や調味料が猫の体に負担なので気をつけて。

ハンバーグにも入っているので注意

ネギ科の野菜

長ネギ・玉ネギ・ニラ・ニンニクなどのネギ類は、猫の赤血球を壊し、貧血・血尿を起こす恐れも。

かつお節・煮干し・干物

かつお節はリンが多く、尿石症（→ P155）になる恐れが。煮干しもリンやマグネシウムが多く、干物は塩分過多になります。

生肉にはトキソプラズマ（→ P164）の原虫がいることも

生肉・生魚

生肉はカルシウムの働きを妨げます。生魚はビタミンB1欠乏症、青魚は黄色脂肪症を招く恐れが。

お菓子などの嗜好品

チョコレート・ココアで下痢や嘔吐などの中毒を起こすことも。コーヒー、紅茶のカフェインも×。

イカ・タコ・エビ・貝

ビタミンB1を阻害し中毒を起こします。消化も悪いので、生も、加熱した物も与えないように。

ミルクを与えるなら猫用を

牛乳・アルコール

牛乳の糖分を消化できず下痢になることも。アルコールは嘔吐や下痢を起こし、死に至る場合も。

肥満対策

食事による管理で少しずつ減量させよう

猫は適正体重を15％超えると「肥満」といわれ、さまざまな病気の原因になります。肥満度をチェックし（→P113）、太り気味ならダイエットをさせましょう。

猫は犬のように運動でカロリーを消費させることが難しいので、摂取カロリーを減らし、徐々に減量させていきましょう。

肥満は万病のもと

肥満で内臓に脂肪がつくと、機能が低下し病気にかかりやすくなります。正常体重の猫に比べ、糖尿病（→P162）になる確率が約5倍も高くなり、食べているのにやせるなどの症状が現れます。

肥満になると運動を嫌がり、ますます太ってしまうという悪循環も。肥満が気になったら早めに対策を取りましょう。獣医師に相談するのも効果的です。

避妊・去勢後の食事

猫は避妊・去勢手術後にホルモンバランスが変化し、活動量の低下・必要カロリーの減少・食欲増進で太りやすくなるといわれています（→P142～）。避妊・去勢後は猫の様子を見ながら、食事管理に気をつけて。

避妊・去勢後の
専用フードにしたり
食事量を３割減らしてね
CATFOOD
避妊後

肥満の対策

食べ過ぎを防ぎ、食事量をしっかりコントロールしましょう。獣医師に相談し、食事量・運動量を考えたプランを立てるのも効果的です。

多頭飼いの場合、肥満の猫が入れない箱に他の猫のフードを置くと食べ過ぎ予防に

フードの適正量を守る

フードは必ず量って与えましょう。要求鳴きは無視しますが、ひどい時はあらかじめ与える量を減らし、要求後に残りを与え、適正量をオーバーしないように。

低カロリーで栄養はそのままに

食事量を制限すると、栄養バランスが崩れ、毛ヅヤや体調が悪くなることも。栄養はそのままで低カロリーのフードに切り替えて。

急激な食事制限は脂肪肝になることもあるので注意

猫を抱いて量った重さから飼い主の体重を引くと猫の体重がわかります

間食をさせない

おやつなどの嗜好品を欲しがるままに与えると栄養が偏り、カロリー過多で肥満の原因に。間食はさせないようにしましょう。

第5章　猫の健康

いつまでも元気で長生きできるよう

猫の不調のサインに注意し

適切なケアをしてあげましょう。

RRRRR
ねー
あっ先輩だ
え?ブブにかつお節!?
ダメーダメダメッ
あげちゃダメ!!
いろいろありがとうございます
いえ こちらこそ
こんなに猫がいてケンカしたりは?
もちろん
相性の悪い子もいますよ
でもケンカしながらお互いを理解して仲良くなるんです
もちろんヒドイケンカは止めますが
カプ
そうなんですね
元気な子もいればおとなしい子もいます
zzz
おどおど
やっほーい
ドタドタ
お互いの性格や縄張りを尊重しながら 猫の関係もできていくんです
人と一緒ですよね

後日
いろんな猫がいるか…
今日こそ病院いこうね〜
先輩来たよ
今いく
病院
受付
キャリーに布をかけると猫のストレス緩和になるわ
もうすぐだよ〜
こちらへどうぞ〜
はーい
あ
ふーむ
ブブくんが去勢でモモちゃんが避妊ですが…
何かありましたか？
モモちゃん妊娠してるみたいです
いつのまにー
え、え!!
てへ

5 猫の健康

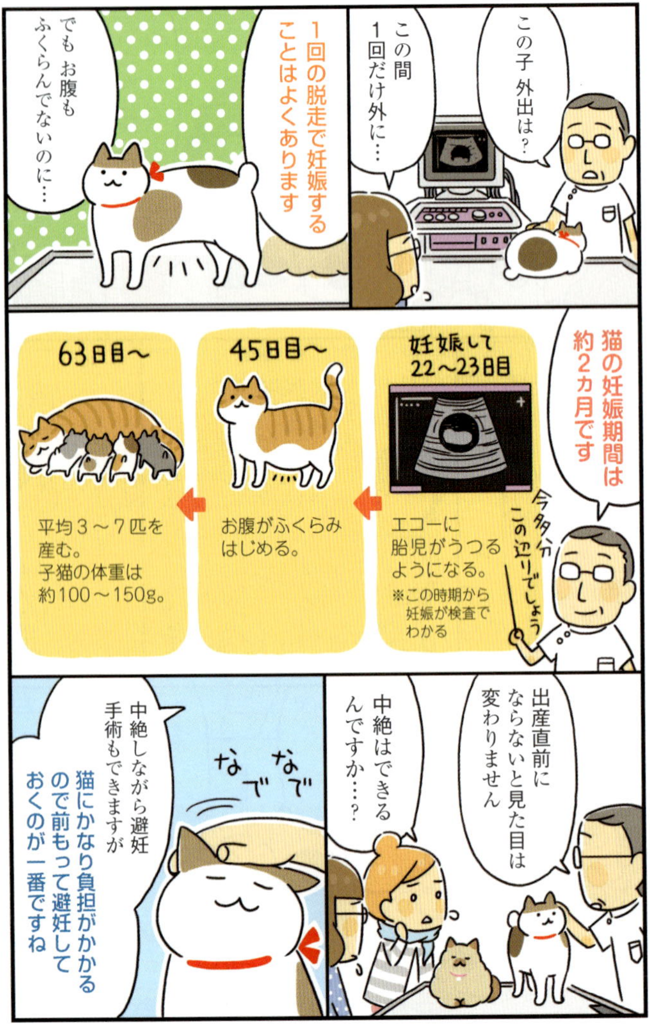
この子 外出は？
この間 1回だけ外に…
1回の脱走で妊娠することはよくあります
でも お腹もふくらんでないのに…
猫の妊娠期間は約2カ月です
今多分この辺りでしょう
妊娠して22～23日目
エコーに胎児がうつるようになる。
※この時期から妊娠が検査でわかる
45日目～
お腹がふくらみはじめる。
63日目～
平均3～7匹を産む。子猫の体重は約100～150g。
出産直前にならないと見た目は変わりません
中絶はできるんですか…？
なでなで
中絶しながら避妊手術もできますが
猫にかなり負担がかかるので前もって避妊しておくのが一番ですね

ブブはお願いして…
モモちゃんは一度帰って考えよう
はい…
おかえり〜
ハナチュー♥
ただいま〜
どうしよう…
困ったな
私飼ってくれる人探すよ！
脱走したのは私にも原因あるし
ごめんね
でも見つかるか…
大丈夫!!
私お願いするの得意だもん
ドン
友達や加藤くんにも相談する！
くす
そうね
マユにはすごく助けられたから今度は私が頑張る！
マユはモモをみてあげて
うん…
ありがとう
いい姉妹だね

発情期

発情中はトラブルが多く交尾すれば妊娠率は高い

猫の発情は定期的にメスに起こり、発情したメスの鳴き声やにおいにつられてオスが発情するようになっています。

発情中はホルモンの関係で気持ちが落ち着かず、脱走やケガ、感染症などのリスクも高くなるので、トラブルが起こらないよう注意しましょう。

発情期は年に3回

最初の発情はメスが生後6ヵ月以降、オスが8ヵ月以降に起こります。長毛種は生後9～12ヵ月頃と、短毛種より遅いといわれています。発情期は年に3回（冬～春・初夏・秋）あり、それぞれの期間中に2～3回発情します。

1回発情すると
2～4日ほど続くよ
ニャ～オ～
ニャ～オ～

交尾後排卵について

猫は交尾の刺激によって排卵が促され、90％以上の確率で妊娠します。メスは受精を確実にするために発情期中ずっと鳴き続け、複数のオスと交尾を繰り返します。

子猫の毛色や柄が違うのは
父親が違うからなんだよ
に～
に～

発情期の特徴

メス・オスともに落ち着きがなくなり、異性を求めて外へ出たがります。発情のサインが見えたら、脱走しないよう気をつけましょう。

メスの場合

しきりに鳴く

人間の赤ちゃんのように、大きく甲高い声で鳴きます。

身をくねらせる

床などに体をこすりつけ、発情期特有のにおいを残し、オスへアピールします。

おしりを突き上げる

腰をなでると、おしりを持ち上げたりします。

オスの場合

低く大きな声で鳴く

発情したメスの声やにおいに反応し、大きな声で鳴きます。

スプレーをする

自分のにおいをつけて縄張りを主張したり、メスへのアピールであちこちにスプレー（→P76）をします。

ケンカが多くなる

メスを巡って、オス同士でケンカすることが増えます。

避妊・去勢

発情期のトラブル防止に早めの対応がオススメ

妊娠や発情期のトラブルを避けたい場合、早めに手術しましょう。生殖器に関わる病気のリスクも減らせます。

手術後はエリザベスカラーを付けるなどして傷口をなめないようにし、安静に過ごさせましょう。通常なら3日くらいで食欲がもどるので、その確認も忘れずに。また、手術後は太りやすくなるので健康管理もしっかりと。

手術は性成熟の前に

メス・オスともに最初の発情期を迎える前の、生後6ヵ月頃がオススメ。体力もあり、手術後の回復も早いです。ただし、メスは発情中と出産後2ヵ月は子宮・卵巣の血管が太くなり、この時期に手術すると負担が大きくなるので避けましょう。

発情後に手術すると スプレーのクセが 残ることも
またやっちゃったし

自治体からの費用補助

各市町村の自治体で、避妊・去勢手術の費用の助成金を出しているところもあります。ただし、限られた予算内で先着順に行われたり、補助対象に条件がある場合も。居住している自治体に早めに確認しましょう。

受付時期が決まっている 場合もあるので 事前に調べよう
自治体 HP

避妊・去勢手術をしないと起こること

発情による行動は猫の本能。ガマンさせることは難しく、ご近所迷惑やトラブル、思いがけない事故などを招くこともあります。

鳴き声がご近所迷惑に

異性を求める鳴き声は猫の本能。抑えることができず、睡眠妨害やご近所迷惑になることも。

メスもスプレーすることがあるので注意

スプレーを繰り返す

縄張りの主張と異性へのアピールで、あちこちにスプレー（→ P76）するようになります。去勢していないオスに特に多く見られます。

外出でケガや事故に

隙あらば外へ出ようとし、ケンカや交通事故に遭う確率が上がります。発情時に体調を崩したり、交尾による病気の心配も。

メスを求めて放浪し帰ってこなくなる猫も

子猫がたくさん生まれる

子猫の世話や里親探しなどが必要になります。繰り返し出産すればその数はどんどん増え、手に負えなくなってしまうことも。

メスの避妊手術のメリット・デメリット

全身麻酔をかけ、卵巣と子宮を摘出します（子宮だけ残すと子宮の病気にかかるリスクが残ります）。費用の目安は２～５万円程度。

メリット

生殖器の病気のリスク減

子宮蓄膿症や乳腺腫瘍、交尾による感染症のリスクが減ります。初回発情前までに手術すると乳腺腫瘍の発生率をより下げられます。

精神面が安定する

発情期の感情の起伏が減り、落ち着いて過ごせるようになります。外へ出たがることも減ります。

デメリット

太りやすくなる

女性ホルモンの分泌低下で食欲が増し、発情に使うエネルギーも不要になるため太りやすくなります。

滅多にいませんが、女性ホルモンの低下で手術後に攻撃的になる場合も。

オスの去勢手術のメリット・デメリット

全身麻酔をかけ、睾丸を摘出します。費用の目安は１～３万円程度。

メリット

スプレーやケンカが抑えられる

縄張り意識が減り、スプレー（→P76）が抑えられます。メスを求めての外出やケンカも少なくなり、ケガや感染病の確率も減ります。

ジャー
フギャ
バリ
もういいや～

発情やスプレーの経験後に手術した場合、スプレーのクセが残ることも。多頭飼いで縄張りを守ろうとして、スプレーを繰り返す場合もあります。

かわい～
ごろにゃ～ん

性格が穏やかになる

攻撃性や縄張り意識が減ります。飼い主に甘えるなど子猫のような性格になり、飼いやすくなります。

デメリット

太りやすくなる

男性ホルモンの分泌低下でおとなしくなって運動量が減り、太りやすくなります。食欲も増進。

でぶ～ん
顔・肩・あごの筋肉が減り
脂肪が付きやすくなる

妊娠・出産

快適・安心な環境を作り子猫の成長に気を配って

猫の妊娠期間は約60日で、1回の出産で平均3～7匹ほど出産します。猫は自力で出産する場合が多いので、基本的に人が手出しする必要はありませんが、安全な環境で出産できるよう、準備を整えてあげましょう。

また、出産時に母猫が外に出てしまうと、人目につかない場所に隠れて見つからなくなることもあるので注意しましょう。

純血種のお見合い

純血種同士の交配を望むなら、獣医師・ブリーダー・ペットショップに相談したり、知人の猫とお見合いを。メスの飼い主がオスの飼い主に交配料を払い、メスをオスの家へ2～3日預けて妊娠させるのが一般的です。

お互いにノミの駆除・ワクチン接種・感染症の検査を受けておく必要があります

妊娠のサイン

乳首
3週目くらいからピンクに変わり、ふくらみ始める。

食事
3週目くらいに食欲をなくし、吐くなどのつわり症状が見られる。4週目から食欲が増し、体重が増える。

お腹
5週目からふくらみ始め、6週目には目で見てわかるように。

被毛
ホルモン分泌が盛んになり、毛ヅヤがよくなる。

行動
ゆっくりとした動作になり、よく眠るようになる。

出産環境の作り方

出産が近づくと母猫はそわそわと家じゅうを歩き回り、安心して出産できる場所を探し始めます。予定の2週間前から出産環境を準備しましょう。

猫の好む場所

周りから見つかりにくく、暗く乾燥した場所を好むので、押入れなどに産箱を用意しましょう。

産箱の作り方

切り込みを入れたダンボールに、ペットシーツとタオルを数枚敷きます。ティッシュを厚めに敷くと汚れた部分だけ取り替えられます。

ダンボールは母猫が
両手足を伸ばして寝ても
十分ゆとりのあるサイズを

緊急時に備え、タオル・消毒したハサミ・ガーゼ・ティッシュなどの準備を。

妊娠中に気をつけたいこと

妊娠中の健康状態には特に注意し、異常があればすぐ病院に相談を。

食事

総合栄養食を適量与える

胎児の発育のため、4週目くらいから食欲旺盛になりますが、下痢や出血は流産の恐れも。食べ過ぎ・消化不良に注意。

1回の食事量を少なくする

大きくなった子宮が胃を圧迫し、1度に食べられる量が減ります。食事回数を1日4回くらいにし、そのつど新鮮なものを。

お腹

母子を守るため、圧迫や負担をなくす

猫の腹壁はデリケート。手で押したり、高所からの飛び降りや狭い場所に入ってお腹が圧迫されると、胎児が傷ついたり流産する恐れも。

子猫の成長過程

体重・食事の時間と量・排泄物・健康状態のチェックを毎日し、事故や病気にあわない安全な環境を整えましょう。

年齢	成長	必要なケア	食事
～生後１週	生後４日～１週で目が開き、へその尾が取れます。	子猫は初乳からウイルス抗体をもらうため、母乳を得られない場合は病院に相談を。排泄は母猫がなめるか、ミルクの前後にティッシュで肛門を拭いて促します。	乳児期
生後２～３週	歩き始め、乳歯が生え始めます。見知らぬものを威嚇することも。		
生後４～５週	約35日で脳と乳歯ができあがります。離乳し、食事や排泄を自分でするようになり、行動範囲も拡大します。	離乳食や水を与え、トイレのしつけを開始。生後１ヵ月頃に最初の健康診断(→P165)を。発育不良や命の危険もある寄生虫は、便検査で早期発見・駆除を。	離乳期
生後６～８週	狩りの練習を始め、兄弟との遊びが激しくなります。子猫の発育・情操のため、生後８週までは母猫と過ごすように。	母猫からもらったウイルス抗体が生後2～3ヵ月でなくなるため、生後50日頃に最初のワクチン接種(→P24)を。	
生後２～3ヵ月	２ヵ月くらいまでに人との触れ合いを持つと、警戒心がなくなります。３ヵ月頃から永久歯が生え始めます。	シャンプー・歯磨き・ブラッシングを開始。子猫の様子を見ながら、体に触れられることに慣れさせ、ノミの駆除も。	幼猫期
生後４～12ヵ月	６ヵ月で母猫から自立し、1歳で大人の体に。６ヵ月頃、最初の発情(→P138)を迎えます。	６ヵ月以降になれば、避妊・去勢手術も可能になります(→P140)。	

子猫の食事

子猫は必要な栄養を母乳から得ます。母乳が十分に出ない時などは代用食を与えましょう。牛乳を与えると下痢をしてしまうので必ず猫用ミルクを。

乳児期（生後 1 ～ 3 週目）

母乳 or 猫用ミルクを与える

人肌に温めたミルクを子猫用のほ乳瓶やスポイトで 4 時間おきに与えます。1 日の目安は 5 ～ 7 回。

OK
NG
あお向けで飲ませると気管に入るので注意

離乳期（生後 4 ～ 8 週目）

離乳食へ徐々に切り替え

お湯･ミルクで子猫用ドライフードをふやかしたものや、ミルクを混ぜた市販の離乳食に切り替えます。ミルクは生後 40 日頃になくします。

最初は指に乗せて与え、慣れたらお皿に盛ります

幼猫期（生後 2 ～ 12 ヵ月）

子猫用ドライフードに移行

離乳食やミルクを混ぜながら、子猫用のドライフードを少しずつ与えます。子猫の消化力以上の量にならないよう、袋の表記を守って。

食欲があっても下痢をするのは食べ過ぎかも

母乳をあげる期間中、母猫には栄養価の高い子猫用フードを与えましょう。

子猫がこんな時は病院へ

- □身体が冷たい／熱い
- □ぐったりとして、元気がない
- □体重が増えない／やせている
- □お腹が常にふくれている
- □嘔吐や下痢が続いている
- □便が 3 日以上出ない

後日
妊娠おめでと〜
女の子だって〜
ありがとう
ユカも先輩と仲良くしてるの？
まあねー
今日もうちで猫と遊んでるよ〜
そうだ 今実家の猫も妊娠してて 里親探してるから よかったら…
この猫がね…
でも妊婦が猫を飼うのはダメって…
トキソプラズマって
えっ ほんと!?
赤ちゃんに影響することもあるとか…
……
……
トボトボ
妊婦は猫が飼えない…
どうしたらいいの〜
もし先輩と結婚して妊娠したらブブは…!?

RRRRRR
ビクッ
もしもし…
ピッ
ええっ
大変だ！ブブが…
ブブッ!!
ぐったり…
ご飯食べてたら急に吐いて…
すぐ病院…
診療時間終わってるな
もう8時だ…
ブー…
少し遠いけど夜間病院あったよ
じゃあそこに…
あら となりの…
ブブしっかりして〜
何かあったの？
猫が吐いてすぐ病院に…
あっ田中さん
待ちなさいーー!!
無理に動かして悪化したらどうするの!?
すぐそっち行くから!!
えっ!?

病院に行くかは電話で猫の状態を伝えて医師の判断を仰いでから
猫が吐いて…
ぐったりしてます
ぐったり…
吐いた物や排泄物はビニールに入れて持っていく！
はい
診てもらえるそうよ
揺らさず連れて行って
キャリーに布かけて優しく声をかけてね
ありがとうございます
フサ…
○△動物病院
食べ過ぎですね
もう大丈夫ですよ
よかった〜
この子いくつですか？
多分3歳くらいかと
男の子ですし尿の病気に気をつけるといいですね
尿の病気？

※『猫の疾患（大分類単位）別の罹患率／アニコム家庭どうぶつ白書2011』より

泌尿器系の病気は3～10歳がかかりやすいです
猫がかかりやすい病気・トラブル
1位 泌尿器系（尿石症・腎不全など）11.6%
2位 消化器系（食道炎・胃腸炎など）9.6%
3位 皮膚の病気（皮膚炎など）7.6%
4位 目の病気（結膜炎・角膜炎など）5.9%
5位 耳の病気（外耳炎・中耳炎など）3.3%
5位 損傷（外傷・事故など）3.3%
5%
10%
へぇ～
泌尿器系の病気には尿道に結石ができる尿石症や腎不全・膀胱炎などがあります
精巣
尿道＊
膀胱
結石
※詳しくはP155を参照
結石が詰まって尿が出ないと死亡の原因にも…
ち～ん
こわい～！
こんな症状が出たら要注意です
《こんな症状に注意》
□トイレに行く回数が増えた
□トイレ以外の場所でおしっこをする
□尿が赤みがかっている
□普段より尿の量が少ない
□トイレで尿が出ない
□陰部をよくなめる
ペロペロ…

尿結石が起こりやすくなる要因は…
オス
(尿道が狭い)
♂
だら〜ん
肥満・運動不足
水を飲む量が少ない
WATER
ストレス
ぺんぺん
肥満になると運動量が減り水を飲む量も減るので結石ができやすくなります
…ダイエット頑張ろうね
でぷ〜ん
ダイエット以外にできることは?
十分な水分補給とトイレのチェックですね
メモメモ
①新鮮な水を部屋のあちこちに置きましょう
運動で水飲む機会も増やして
水を飲むと尿の量も増えます
②トイレはいつもきれいにし尿や便のチェックもしましょう
予防のフードもあるので病院に相談してくださいね
はいっ

あの…妊婦が猫を飼うのは…
トキソプラズマのことですね
トキソプラズマは一部の人は既に感染してるんです
健康なら特に症状もなく抗体ができます
そうなの!?
妊娠したら抗体の確認をしましょう
産婦人科で血液検査できますよ
気をつけたいのは妊娠後の初感染
感染した猫の2日以上放置した便からうつることがあります
うんち
毛からの感染予防に部屋の掃除も
毎日きちんとトイレを掃除し手洗いもしましょう
ゴー
旦那さんなど家族の方に掃除してもらうのもいいですね
へー
ダンナだなんて～

注意したい症状・病気

ワクチンで予防し普段から健康的な生活を

猫の不調のサインを放っておくと複数の病気を併発したり、生死に関わる恐れも。治療も猫の負担になる場合があります。日頃からワクチンや薬で予防し、食事や運動、環境を整え「病気にかかるリスクを減らす」ことが大切です。

感染猫との接触やケンカでうつる病気も多いため、室内飼いにすることも予防になります。また、人がウイルスを媒介することもあるので、猫を触ったらしっかり手洗いを。

泌尿器の病気に注意

猫の死因の上位は「泌尿器の病気」「消化器の病気」「感染症」。特に泌尿器・消化器の病気はかかりやすい（→P151）ので普段から注意を。また、子猫の死因は感染症が40％以上。感染猫と接触しないよう気をつけて。

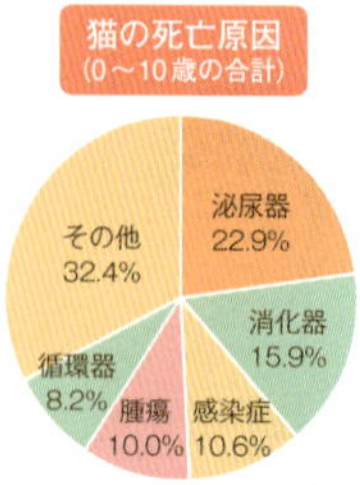
猫の死亡原因
(0～10歳の合計)
泌尿器 22.9%
消化器 15.9%
感染症 10.6%
腫瘍 10.0%
循環器 8.2%
その他 32.4%
※『アニコム家庭どうぶつ白書』より

多頭飼いは感染防止を

ひとりが猫風邪をひくと、くしゃみ1つで周りの猫に感染が広がることも。ひとりが病気になったら、食事やトイレの場所を離す、ケージで過ごさせるなどして感染が広がらないようにしましょう。

ケンカで感染する
こともあるので注意

※P155～P163の症状と病気は、代表的なものを紹介しています。1つの症状でもさまざまな病気の可能性があるので、異常があれば自己判断せず、病院で診断を受けてください。

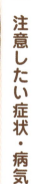

尿・トイレの異常／関連する病気

チェック項目

- □色がいつもより濃い／薄い（→A·B·C）
- □血液が混ざり、赤みや褐色を帯びている（→A·B）
- □砂や石、光る結晶が混ざっている（→A·B）
- □いつもより臭い（→A·B）
- □いつもと量が違う／全く出ない（→A·B·C·D）

- □トイレの回数が多い／少ない（→A·B·C）
- □排泄時に痛がる。苦しそうに鳴く（→A·B）
- □排泄時の姿勢がいつもと違う（→A·B）
- □トイレ以外の場所でそそうを繰り返す（→A·B·C·D）

尿を採取する場合は
排尿時に清潔な
容器を置いて

尿が出ない・尿に異物が混ざる・排尿時に苦しむ

A：尿石症

腎臓・膀胱・尿道などで尿のリン・カルシウム・マグネシウムが結石になり、頻尿・血尿、食欲不振などを起こす。再発しやすい。

B：膀胱炎

細菌感染や尿結石で膀胱が炎症を起こし、トイレ回数の増加、尿が出ない、血尿などに。適切な食事を与え、水を飲ませる工夫を。

結石が詰まって２日以上尿が出ないと「尿毒症」になることも。命の危険もあるので、尿石予防の食事と新鮮な水を与え、定期的な運動で予防を。

トイレの回数が増える

C：腎不全

腎臓の機能低下で多飲多尿・食欲不振などになり、悪化すると尿毒症に。老猫に多く死亡率も高い。症状が出にくいので年１回検査を。

下痢をする・元気がなくなる

D：尿毒症

腎臓の機能低下で老廃物が体内にたまり、食欲不振や嘔吐などを起こす。すぐ治療しないと命の危険もあるので注意。

人の食事は塩分が多く、猫の腎臓に負担をかけるため与えないように。

ワクチンで予防　予防薬・治療薬でケア　日常の観察・検査で早期発見・早期治療
室内飼いで予防　食事管理で予防　水を与えて予防　ボディケアで予防

嘔吐／関連する病気（1）

チェック項目

- □食べた物を何度も吐く（→ A・B・C・D）
- □吐いたものに、虫や異物・血液が混ざっている（→ A・B・C）
- □空腹時に黄色い胃液を吐く（→ C）
- □緑色の液体を何度も吐く（→ D）
- □吐こうとしても吐けず、ゼェゼェと息があらい（→ E）

食べた物をすぐに吐く

A：食道炎

魚の骨や金属片、熱い物で食道が炎症を起こし、よだれや食欲不振に。痛みで食事中に鳴くことも。原因となる物を口にしないよう注意。

B：巨大食道症

食道の一部が異常に広がり、食べ物が胃に送れなくなる。先天性・後天性のものがあり、予防は困難なので定期的に検査し早期発見を。

プラスチックや骨
金属片の誤飲に注意

消化された物を吐く

C：胃腸炎

腐った物や冷たい物を食べたり、誤飲、ウイルス感染や毛球症などが原因で、激しい下痢や血便、嘔吐などが起こる。食事管理で予防を。

嘔吐を繰り返し腹痛を起こす

D：腸閉塞

異物の飲み込みや寄生虫などが原因で起こる。便秘や嘔吐、食欲不振になり、死の危険も。誤飲を防ぎ、定期検査で早期発見を。

腸がふさがり便が
出づらくなることも

猫は毛玉を出すため、吐くことはよくあります。ですが、吐いた後ぐったりしていたり、連続して吐くのは病気の可能性もあるので注意しましょう。

※ P155 ～ P163 の症状と病気は、代表的なものを紹介しています。1 つの症状でもさまざまな病気の可能性があるので、異常があれば自己判断せず、病院で診断を受けてください。

嘔吐／関連する病気（2）

吐こうとしても吐けない

E：毛球症

グルーミングで飲み込んだ毛が胃や腸で毛玉になり、食欲低下・嘔吐・下痢などを起こす。毛玉が大きくなると手術になることも。

週に１回、スプーン１杯のサラダオイルをフードにかけてなめさせるのも毛球症予防に

便の異常／関連する病気

チェック項目

- □いつもより臭い。異臭がする（→A）
- □便の中に虫がいる（→A）
- □下痢をしたり、便がやわらかい（→A）

その他…「便が黒っぽい」「血便が出る」「２日以上便秘が続く」なども注意

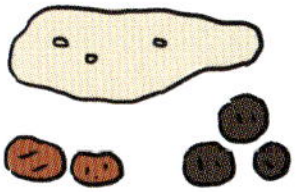

便が白く水っぽい　→小腸に異常
赤くやわらかい→大腸に異常
黒くやわらかい→感染症など

下痢・軟便をする

A：腸内寄生虫

回虫・鉤虫・瓜実条虫などが小腸や大腸などに寄生。無症状の成猫もいるが、幼猫は食欲不振・下痢・嘔吐などをし、発育不良の恐れも。

猫のおしりや部屋に白ごまのようなものが見つかったら虫の卵かも

回虫などが人に感染し、視覚障害を起こす危険も。猫に触ったら手洗いし、トイレや猫の居場所をまめに掃除して清潔を保ち、感染予防を。

目の異常／関連する病気

チェック項目

- □目のまわりが赤く腫れたり、充血している（→A）
- □膿状や白っぽい目ヤニ、涙が出る（→A・B・C）
- □目の中に濁りがある（→C）
- □目を足でかいたり、家具にこすりつける（→A・B）

その他…「目を細めると瞬膜が出る」なども注意

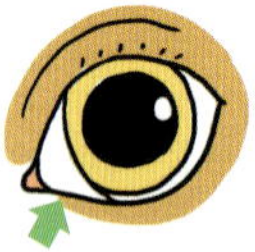

目頭の近くにある白い膜が「瞬膜」

目ヤニ・充血・目をこする

A：結膜炎

ウイルス感染やアレルギーでまぶたの裏側が腫れ、悪化すると目が開かなくなる。目をしきりにこすっていたら要注意。

猫風邪（→P160）から発症することもあるのでワクチンで予防を

ケンカで目が傷つき角膜炎になることも
いてー
バリッ

涙が出る・目をこする

B：角膜炎

ウイルス感染や異物混入で角膜が炎症を起こし、かゆみや痛みなどが発生。視力低下や失明の恐れもあるので、早期発見・治療が大切。

目が白く濁る

C：白内障

外傷や糖尿病（→P162）などが原因で視力が低下し、物につまづいたりぶつかったりする。悪化すると手術が必要になるので早期発見を。

バーマン・ヒマラヤン・ペルシャなどは先天的にかかりやすいので注意

※P155～P163の症状と病気は、代表的なものを紹介しています。１つの症状でもさまざまな病気の可能性があるので、異常があれば自己判断せず、病院で診断を受けてください。

耳の異常／関連する病気

チェック項目

- □耳の中が赤かったり、腫れている（→A·D）
- □耳あかの量や色がいつもと違う（→A·B·C）
- □黒または茶色の耳あかで汚れている（→C）
- □異臭がする（→A）
- □耳を足でかいたり、家具にこすりつける（→A·B·D）
- □頭を振ったり、歩くとよろける（→A·B·C·D）

ふりふり

頭をしきりに
振っていたら要注意

耳あかが出る・かゆがる

A：外耳炎

ダニや細菌、アレルギーで起き、耳の穴の入口～鼓膜が炎症を起こす。かゆみがひどく、臭い耳あかがたまる。中耳炎や腫瘍の原因にも。

かきかき
外耳炎は
スコティッシュなど
耳垂れの猫に多いよ

頭を傾ける

B：中耳炎・内耳炎

主に外耳炎の悪化で起こり、鼓膜の奥まで炎症が広がる。ひどい痛みで頭を振ったり、元気がなくなる。まずは外耳炎予防を。

黒い耳あかが大量に出る

C：耳ダニ感染症

耳にダニが寄生し、黒い耳あかが出る。激しいかゆみで頭を振ったり、耳をこすりつけ、外耳炎になることも。子猫の感染率が高い。

耳が腫れてふくらむ

D：耳血腫

耳ダニ・外耳炎のかゆみなどで耳をかき、内出血で耳に血液がたまってふくれる。耳の形が元に戻らなくなることもあるので早期治療を。

鼻・口の異常／関連する病気

チェック項目

- □くしゃみや鼻水が出る（→D）
- □口臭がきつい（→A・D）
- □よだれが出る（→A・B・D）
- □食べる時に口元を気にする（→A・B）
- □片側の歯だけで噛む（→A・B・C）
- □歯がぐらついている（→C）
- □歯石が多い（→C）
- □歯ぐきや舌が異常に赤い（→C）
- □口内が赤く炎症を起こしたり、出血している（→A・B・C）

口臭やよだれがひどい

A：口内炎

歯垢やウイルス感染で歯ぐき・舌が腫れ、出血や口臭・よだれがひどくなり、痛みから食欲低下も。歯のケアやワクチンで予防を。

食べながら痛そうに鳴くのは口内炎かも

猫同士のケンカで感染することが多い

口内炎が繰り返しできる

B：猫エイズ

猫免疫不全ウイルス（FIV）の感染で下痢・腫瘍・体重低下などを起こす。免疫力が低下し、命の危険もあるのでワクチンで予防を。

歯ぐきが赤く腫れる

C：歯周病

歯垢の細菌が原因で歯ぐきが腫れて出血し、悪化すると歯が抜けることも。普段から歯磨き（→P105）をし、歯垢がたまらないように。

鼻水・くしゃみをする

D：猫風邪

ウイルス感染でせきや発熱など、人間の風邪に似た症状が起こる。感染力が高く、症状が重い場合や子猫の場合は命に関わることも。

※ P155 ~ P163 の症状と病気は、代表的なものを紹介しています。1つの症状でもさまざまな病気の可能性があるので、異常があれば自己判断せず、病院で診断を受けてください。

皮膚の異常／関連する病気

チェック項目

- □皮膚がかさつき、フケが出る（→B･C）
- □傷やかさぶた、いぼ、腫れがある（→A･B）
- □抜け毛が多い。脱毛がある（→A･B･C）
- □異常に体をなめたり、噛んだりする（→A･B）

その他…「毛ヅヤが悪い」「皮膚がベタベタして脂っぽい」なども注意

下あごの黒い粒は猫ニキビといわれる「痤瘡（ざそう）」

感染猫を抱っこして
ダニなどが服にうつり
他の猫や人に広がることも

しきりに体をかく

A：皮膚炎

ノミ・食物・ホコリなどが原因でかゆみが起こり、脱毛や発疹などの症状も。原因の徹底排除と清潔な環境づくりが大切。

B：疥癬《かいせん》

猫ヒゼンダニの寄生で顔や耳に発疹やフケが出る。足でかくうちに全身に広がり、人にうつることも。予防薬・駆除剤で寄生防止を。

円形脱毛やフケが出る

C：皮膚真菌症

皮膚にカビが感染し円形脱毛などが起きる。人に感染し円形の皮膚炎を起こすことも。感染猫との接触後は手洗いし、清潔な環境に。

猫は耳の先や口まわり
足先の脱毛が多いよ

ツメダニがつく「ツメダニ症」は、猫はあまりかゆがらなくても人に感染すると強いかゆみが出ます。背中から大量にフケが出るなどの症状に注意。

ワクチンで予防　予防薬･治療薬でケア　日常の観察･検査で早期発見･早期治療
室内飼いで予防　食事管理で予防　水を与えて予防　ボディケアで予防

食欲・体重の異常／関連する病気

チェック項目

- □食欲がない／異常に食欲がある（→A・B・D）
- □水を飲まない／大量に飲む（→A・B）
- □急に太った／やせた（→A・B・C）

その他…「食欲はあるが、食べずにじっとしている」も注意

もりもり
スリム

食欲があっても
やせるのは注意のサイン

水を大量に飲む

A：糖尿病

血糖値が上がり、食べてもやせ、多飲多尿に。肥満やストレスから発症することもあるので、普段から適切な食事と運動を心がけて。

食べてもやせる

B：甲状腺機能亢進症

甲状腺ホルモンが過剰に分泌され、活発で食欲旺盛なのにやせたり、多飲多尿になる。老猫に多く、心臓などに影響も。

発熱し体重が減る

C：猫伝染性腹膜炎

ウイルス感染で嘔吐・下痢・食欲低下に。子猫の死亡率が高くワクチンがないので、感染猫との接触を避け、健康管理をしっかりと。

に
に
子猫の感染症で1番多いので気をつけてね

猫白血病ウイルスが原因の一つなのでワクチン接種を

嘔吐し食欲が低下

D：リンパ腫

リンパ球がガンになり、呼吸困難や下痢などを起こす（ガンの場所で症状は異なる）。室内飼いで感染を予防し、異常があればすぐ病院へ。

子猫が半日、成猫が 1 日以上何も食べず、元気がない場合は病院へ。

※ P155 ~ P163 の症状と病気は、代表的なものを紹介しています。1 つの症状でもさまざまな病気の可能性があるので、異常があれば自己判断せず、病院で診断を受けてください。

全身の異常／関連する病気

チェック項目

- □肩で息をしたり、舌を出して浅く速い呼吸をする（→A）
- □口を開けて呼吸する（→A）
- □せきをする（→D）
- □ゼェゼェ、ヒューヒューなど、呼吸時に変な音がする（→C・D）
- □足を引きずるなど歩き方が変（→B）

その他…「地面に足をつけない」「お腹だけふくらんでいる」「お腹にしこりがある」「体を触ろうとすると嫌がる」なども注意

子猫・老猫・肥満の猫に多いので注意

口を開けて呼吸する

A：熱中症

高温の場所で体温が上がって苦しげに呼吸し、よだれや嘔吐・下痢などを起こす。命に関わることもあるので早めに処置を（→P169）。

肥満は関節に負担大
いててて…

足を引きずったり、動きが鈍くなる

B：関節炎

老猫に多く、股関節やひざ、ひじが痛み、歩行困難になる恐れも。家具の段差を減らすなどして環境を整え、関節への負担を減らして。

息があらく元気がない

C：心筋症

心臓の働きが弱くなり、食欲や元気がなくなり、死の危険も。老猫に多く、根本的な治療法がないので早期発見・治療を。

苦しそうに呼吸する

D：フィラリア

呼吸困難・食欲不振・下痢を起こし、突然死することも。猫は犬に比べて発見が難しく、感染源が蚊のため室内飼いでも注意。薬で予防を。

「体が完成する1歳」や「老化の始まる7歳」に心臓の検査を受けると、病気の早期発見につながります。

ワクチンで予防　予防薬・治療薬でケア　日常の観察・検査で早期発見・早期治療
室内飼いで予防　食事管理で予防　水を与えて予防　ボディケアで予防

人に感染する病気（トキソプラズマ症）

猫の病気が人に感染することも。トキソプラズマ症は妊婦が初感染すると胎児への影響もあるので気をつけ、しっかり予防しましょう。

飼い主が妊娠したら抗体の確認を

産婦人科の血液検査を受け、必要な薬を医師からもらいましょう。動物病院で猫も検査し、抗体がなければ感染しないよう注意を。

外での感染が多いので
室内飼いにすると安心

トイレ掃除は手袋をはめて

猫の排泄物はすぐに片付ける

感染猫の便を放置すると、そこから感染することも。排泄後はすぐに掃除し、手洗いして清潔に。猫に触れた後も手洗いをしましょう。

毛からの感染も要注意

毛から感染することもあるので、猫の居場所やカーペットなどをこまめに掃除し、予防しましょう。

春・秋は抜け毛が
多いので注意
コロコロ

猫のほか、生肉や土なども感染源に。肉は十分に加熱調理し、生肉を扱ったまな板や包丁は使うごとに洗って。土に触れたら手洗いをしっかりと。

健康診断

定期的な健康診断で病気の早期発見・治療を

外敵から身を守るため、猫は自分の体調不良を隠します。定期的な健康診断で猫の健康を確認することが大切。猫の年齢や体調・費用も含めて獣医師と相談し、身体検査や血液・尿検査、レントゲンなどの中から検査内容の決定を。

尿検査を受けると猫の状態がいろいろわかりオススメ

受ける時期と費用

健康な猫の場合、基本は年に1回。病気のリスクが高まる7歳以降は年に2回受けましょう。1年にかかる健康診断の費用の平均は7712円。※ 内容や病院によって異なるので事前に確認を。

※『ペットの健康診断に関するアンケート（2010年）／アニコム家庭どうぶつ白書』より

老化が始まる7歳頃にCTスキャンや超音波検査などを含む精密検査を

肛門腺しぼりも一緒に

清潔にしているのにおしりが臭う場合、肛門の左右にある肛門のうに分泌液がたまっているかも。放っておくと細菌が感染し、炎症や化膿を起こす「肛門のう炎」の恐れも。健康診断時に診てもらい、必要なら分泌液を出す「肛門腺しぼり」をしてもらいましょう。

ズリズリ

おしりを頻繁になめたり床にこすりつけていたら注意のサイン

季節ごとの対策

寒暖の変化に合わせて快適な場所を選べるように

夏は熱中症や夏バテ、冬はやけどや感染症などの危険が。猫にとって快適な温度は20〜25℃、湿度は50〜60％です。飼い主の外出時は部屋に寒暖それぞれの場所を作り、ストッパーなどで扉を開け、猫が自分の体調に合わせて自由に行き来できるようにしましょう。

また、換毛期の春と秋は抜け毛が出やすい季節。こまめにブラッシングし、毛球症（→P157）の予防もしましょう。

冬の過ごし方のポイント

人と同じくウイルス感染しやすい時期。暖かく過ごせる工夫をし、尿トラブル防止に新鮮な水を複数置きましょう。

あったかグッズを活用

湯たんぽやペットヒーターなどで暖が取れるように。低温やけど防止に湯たんぽはタオルなどにくるんで。

猫ベッドの下にクッションを敷くのも暖かい

こたつに入りっぱなしは水分不足や外耳炎（→P159）にも

暖房器具は安全に使う

やけど、脱水症状を起こしたり、猫のおもちゃが当たって火事にならないよう注意。乾燥によるウイルス感染予防に加湿も。

トイレの場所が寒いと行くのを嫌がり、便秘や膀胱炎（→P155）になることも。暖かい場所でのトイレ設置も考えて。

夏の過ごし方のポイント

エアコンの冷風は床の方にたまるので、人に快適な温度が猫には寒すぎることも。冷えすぎによる食欲不振や下痢にも注意。

暑い時間帯にエアコンをセット

1時間入れるだけでも快適に。体が冷えてきた時に暖が取れるよう、風が直接当たらない場所にベッドや毛布を置いておくと安心。

クールシートやタオルにくるんだ保冷剤もうれしい

エアコンの入った部屋で「冷たい床の上にいる＝暑い」、「毛布など暖かい場所にいる＝寒い」というサイン。猫を観察し、快適な温度にしましょう。

断熱効果のある遮光カーテンが便利

直射日光を避けて涼しく

カーテンやすだれなどで日光を遮ると、室温の上昇が防げます。窓を開けて風通しをよくする際は脱走防止（→P44）を。

猫グッズはいつも清潔に

フードの酸化やノミ・ダニが怖い時期。食器の洗浄や部屋の掃除、猫グッズの虫干しをこまめにし、清潔な環境をキープして。

トイレもこまめに洗って日光消毒を

猫がひんやりしたタイルの感触を好み、涼しいバスルームで過ごしたがる場合、おぼれたりしないようバスタブのお湯は必ず抜くようにしましょう。

応急処置

処置に迷ったら
獣医師にアドバイスを

猫がケガをした時、適切な応急処置ができれば痛みを緩和し、その後の治療に役立つことも。ただし、痛みで猫が興奮している場合は無理に処置せず落ち着いてから病院へ。

また、応急処置で良くなったように見えても、体の内部でダメージを受けている場合もあるので、処置後は必ず獣医師の診察を受けましょう。

応急処置（1）

出血がひどい場合は、患部より心臓に近い部分を包帯などでしばって止血し、10 分おきに緩めましょう。

出血・傷

❶ 傷口に異物があれば取り除き、ぬるま湯に浸したガーゼでぬぐいます。

❷ 清潔なガーゼやタオルで圧迫し、止血します。

傷周辺の毛をカットすると手当てしやすく、化膿も防げます。

転落・事故・背骨の骨折

❶ 外傷や骨折があればそれに合う処置をします。

❷ しっかりした板に布を敷き、包帯などで固定して猫を寝かせて病院へ。

鼻や口に出血があればティッシュでぬぐって。

応急処置（2）

猫を移動させる時は揺らさないようにし、やさしく声をかけましょう。

やけど

❶ 冷水で濡らしたタオルやガーゼで全身を覆います。熱が下がらないときは、洗面器に入れて冷水をかけます。

❷ ラップで患部を包み、氷のうで冷やしながら病院へ。

猫がパニックにならないよう、
頭に水をかけないよう注意。

熱中症

❶ 涼しい場所に猫を運び、水で冷やしたタオルで全身を包んで体温を下げます。

❷ 首に保冷剤を当てながら病院へ。キャリーにタオルでくるんだ保冷剤を入れると効果的。

保冷剤や氷のうで脇の下や内股
を冷やすと効果的に冷やせます。

痛がる場合は無理に
処置せず安静にさせて

足の骨折

❶ 足に割り箸などを添えてテーピングし、固定します。

❷ その上に包帯を巻き、平らな板の上に寝かせて病院へ。

おぼれた

❶ 猫を逆さにし、背をさすりながら水を吐くまでゆすります。

❷ 呼吸していなければ口を押さえ、鼻から息を吹き込みます。

猫を寝かせた状態で運ぶ時は、平らで安定感のある分厚いダンボールやベニヤ板などに猫を乗せ、くくりつけたりタオルでくるんで運びましょう。

病院の選び方

飼い始め・引っ越し時に信頼できる病院を探そう

病気やケガの時だけでなく、ワクチン接種や健康診断、ノミの駆除、避妊・去勢手術、出産のケア、外出時の預け先など、いろいろとお世話になる病院。日頃から愛猫を診てくれる主治医がいると、過去のデータもあり、適切な治療が受けられて安心です。

突然のトラブルにも安心して対応できるよう、猫を飼い始めたり、引っ越した時には早めに病院を探しておきましょう。

夜間の緊急病院

夜中に突然猫の具合が悪くなることもあります。主治医が時間外や緊急時の対応をしてくれるのがベストですが、していない場合は夜間や休日に診てくれる病院を事前に探しておき、落ち着いて対応できるようにしましょう。

ペット保険の活用

動物用医療保険に加入していると、治療費の一部を負担してもらえます。加入には猫の年齢や健康状態などの条件があるので、飼い始めか5歳頃（持病が出る前）がオススメ。

●アニコム損保
「どうぶつ健保 ふぁみりぃ」
http://www.anicom-sompo.co.jp/
●日本アニマル倶楽部
「The ペット保険 PRISM」
http://www.animalclub.jp/
●アイペット「うちの子 Light」
http://www.ipet-ins.com/light/
など

病院を選ぶポイント

歩いて行ける範囲だと通いやすく、緊急時もすぐに行けるので便利。獣医師やスタッフが動物に誠実に接している病院を選びましょう。

環境と設備が整っている

清潔・静かな環境で最新設備が整っており、対応が親切かの確認を。犬と猫の待合室がわかれていると、待ち時間も落ち着きます。

複数の飼い主から評判などを
聞くのもオススメ

飼い方の相談にも
応じてもらえると安心

診察が丁寧でわかりやすい

問診・診察が丁寧で、病気や治療法の説明や質問への答えがわかりやすいかも重要。猫の扱いがやさしく、丁寧なところを選んで。

料金体制がきちんとしている

明細書が発行され、治療費の内訳の説明があるなど、料金が明瞭で安心できる病院を選びましょう。

明細書
1000
1000
100
100

診察

猫の状態を具体的に伝え スムーズな診察を

病院に行く場合、ストレスで猫の体調が悪化しないよう、待合室での過ごし方や診察の受け方に気を配りましょう。事前に電話予約をして症状を伝えておくと、待ち時間も短く、獣医師も準備ができて治療がスムーズに。

また、同じ症状でも獣医師によって治療法が異なることも。悩んだら複数の獣医師の意見を聞き、猫に負担が少なく納得できる治療法を選びましょう。

待合室でのマナー

キャリーバッグにお気に入りの毛布などを入れ、ロックして布をかぶせると猫も落ち着きます。感染症などがうつらないよう、他の犬や猫に触るのは控えましょう。スタッフにケガをさせないよう、爪を切っておくのも大切です。

子猫の頃から病院に慣らしておくと診察もスムーズに

脱走に注意

見知らぬ人や動物がいると、猫はとても緊張します。知らない土地で脱走すると見つけられないことも。洗濯ネットで包んでキャリーバッグに入れれば、万が一ドアが開いた時の脱走防止に。診察中に暴れても抑えられます。

アクセルの下に潜って事故にならないよう車内でもキャリーに

診察のポイント

「異常の原因」「どんな治療をしたのか」「帰宅後、どんなケアや食事が必要か」などを獣医師に確認し、今後の予防にも役立てましょう。

猫の状態を具体的に伝える

「いつ頃からどんな異常が起こったのか」「普段とどう違うのか」ということを伝えます。普段の体調を把握していることも大切。

食欲、食事内容や量・回数、排泄の状態・回数、水を飲む量、猫の性格、全体の様子（元気に動いているか）などが伝えられると診察もスムーズです。

排泄物などを持参する

下痢や嘔吐の場合は、吐いた物や排泄物をビニール袋に入れ、保冷剤で冷やしながら持参すると、診察の役に立ちます。

自宅でのケア

薬の与え方や過ごし方など、獣医師の指示を守って安静にさせましょう。

落ち着いた環境で観察する

猫が好む場所にタオルなどを敷いて過ごさせ、食欲やトイレ回数、触られて嫌がるところはないかなど、猫の状態を観察しましょう。

エリザベスカラーを付けたとき

カラーが邪魔にならないよう、台などの上に食器を置いて食べやすくし、猫が通る場所はいつもより広めにあけておきましょう。

薬の飲ませ方

ストレスにならないよう ポイントを押さえ手早く

猫に薬を与える場合、無理に押さえて飲ませると、吐き出したり噛みつくことも。やさしく声をかけて猫を安心させ、素早く飲ませましょう。食べ物に混ぜて与える場合、きちんと飲んだかの確認も。

暴れる場合は
タオルでくるむと
おとなしくなるよ

薬の与え方（1）

食べ物にくるんだり、粉状に砕いて与えても OK です。

錠剤

❶ 片手で猫の後頭部をつかみ、犬歯の後ろに親指と人差し指を差し込んで口を開けます。

❷ 猫の頭をゆっくり後ろに傾け、上向きにします。

❸ もう一方の手の親指と人差し指で薬をつまみ、残りの指で口を開け、のどの奥に薬を置いて口を閉じます。

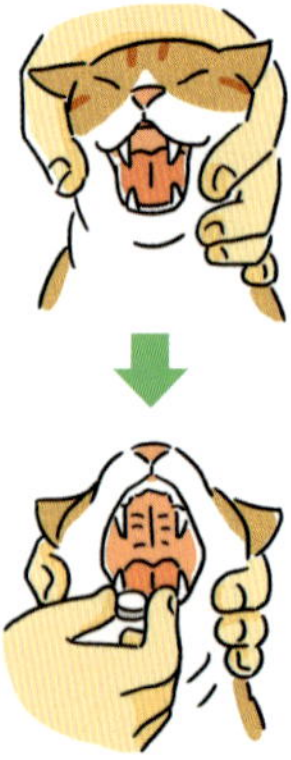

口を閉じた後、のどをさすると飲み込みやすくなります。

薬の与え方（2）

分量や服用時間など、獣医師の指示を守って飲ませましょう。人間の薬やサプリメントは死亡の恐れもあるため、決して与えないように。

粉剤

フードに粉剤をまぶして与えます（どのフードにまぶすといいかは猫の体調によって変わるので、与える前に獣医師に確認しましょう）。

水に溶かして液剤と同じ方法で与えてもOKです。

むせたり溢れたりしないようゆっくりと

液剤

❶ 猫の後頭部をやさしく包み、やや後ろに傾けます。

❷ 犬歯の後ろ（口角が少したるんでいるところ）にスポイトを差し、液剤をゆっくりと流し入れます。

目薬

❶ 猫の後ろから片手であごに手を添え、上向きにします。

❷ もう一方の手で猫の頭を押さえながら指先で目を開かせ、目尻から点眼します。

❸ 目薬が溢れたらガーゼなどで拭き取ります。

目薬の先が猫に見えないように

目薬を冷所保存していた場合、手のひらで人肌にまで温めてから点眼しましょう。

田中さんの家
おかげさまで良くなりました
たいしたことないわ
夜間病院も調べておくのよ
特に老後は大変だから
そうなんですか？
だいたい7歳以降が老後といわれるわ
《猫の年齢を人間に換算すると？》
猫 人間 猫 人間
1カ月 1歳 5歳 50歳
3カ月 5歳 10歳 70歳
6カ月 10歳 15歳 80歳
1歳 18歳 20歳 90歳
2歳 30歳 25歳 100歳
3歳 40歳
カツッ
ブブは3歳くらいだから…
もう40歳!?

老猫になると
こんな変化があるの
歯が抜ける…
歯垢・歯石が原因なので
歯磨きを
爪が伸びすぎる…
爪とぎをあまりしなくなるので
週に1度は爪切りを
毛づくろいしなくなる…
毛がパサついてくるので
ブラッシングしたり
汚れを拭いてあげるように
毛ヅヤがなくなる…
鼻〜口まわりの毛が白くなり
ヒゲのハリもなくなる
あまり動かなくなるから
食事や環境を変える
必要も出てくるわ
そういえばレオも
あまりジャンプ
しなくなったな…
ドタ
きゃ
ジャンプに失敗して
ケガすることもあるの
甲状腺や
腎臓の病気にも
かかりやすく
なるわ
気をつけて
わかりました
ありがとう
ございます

どうかした？
その…
もしかして以前猫を飼われていたんじゃ…
！
……
2年前にね
もう亡くなったけどね
元気がないなと思っていたら翌日に悪化して
あわてて病院に行ったけど手遅れに…
私が猫のこと知らなかったからかわいそうなことを…
大変でしたね
だから猫を可愛がるならきちんと責任を持ってほしいの
それで厳しく…
でもあなたたちは大切にしてくれてるわね
あの猫ちゃん最初よりずっとかわいくなったもの

あなたを見てたら猫ってやっぱりいいなって思い出せたわ
ユカの家
ブブともいつかお別れかな…
でも今はこうして元気だし！
おじいちゃんになっても面倒みるからね～
ブブー？
ねー
…ずっと前から考えてたんだけど
ブブのことユカちゃんに任せて悪いなって
僕が拾ったのに
そんな…ブブのおかげで猫のことわかったし
よかったですよ!!
ユカちゃんいつも一生懸命で
僕もそばで力になりたい
だから…
ぎゅっ…
一緒に暮らそう
えっ
…

老化のサイン

行動や体の変化から老化のサインを読み取る

老化が始まるのは7～10歳頃。これまでと変わらず元気そうに見えても、体にはさまざまな変化が起こっています。思いがけない事故を起こすこともあるので環境にも配慮を。

また、免疫力が低下してケガの回復が遅くなり、病気にもかかりやすくなります。5歳以上になると心肺機能が落ち、麻酔の負担が大きくなるので病気の予防や早期発見を大切に。

長生きのためのケア

平均寿命の15歳まで生きた場合、7歳から老化が始まると生涯の半分以上が老猫期に。老化の特徴を理解し、適切なケアをして、猫が快適に過ごせるようにしましょう。日頃から猫の体調や行動に気を配り、気になることがあれば早めに病院へ。

若い頃から
適切な食事と運動をし
健康で長生きな猫に
もりもり

かかりやすくなる病気

・**腎臓病（慢性腎不全など）**
老猫が一番かかりやすく、体重の減少や多飲多尿などが発生。

・**心臓病（心筋症など）**
呼吸困難や、胸・お腹に水がたまるなどの症状が見られます。

・**歯と口の病気（歯周病など）**
猫は歯垢がたまりやすく、口臭や食欲不振、歯が抜ける恐れも。

・**ガン**
老猫はリンパ腫や乳ガンが多い。

・**筋肉と骨の病気（関節炎など）**
悪化すると歩行困難の恐れも。

老化のサイン

普段から猫の様子を観察し、変化があれば適切に対処しましょう。

視力の低下でケガや衝突も

物にぶつかったり、段差を踏み外したり、フラフラすることが多くなります。目が白く濁っている場合は白内障（→ P158）の恐れも。

聴力が落ち、周囲に無反応

人の近づく音がわからず、急に触れられて驚き、攻撃することも。少し大きな声で呼びかけ、猫が気づいてから触るようにしましょう。

動作が鈍くなり、よく眠る

動きが緩慢になり、ほとんど寝て過ごすように。骨や関節が衰え、骨折しやすくなります。治りも遅く、手術は負担になるので注意。

筋肉にハリがなくなり脂肪が増えて太ってきます

運動不足で腸の動きが弱まり、排便に時間がかかるようにも

食欲が減り、トイレが増える

食べ物の好みが変わったり、好き嫌いが出ることも。腎臓機能の低下で水を飲む量が増え、トイレの回数が多くなります。

老化現象かと思っていたら実は病気だったということも。食欲不振やトイレの失敗が続くようなら、早めに獣医師に相談しましょう。

老猫との過ごし方

老猫が快適に過ごせる環境やケアを大切に

10歳以上になると1日の大半を寝て過ごすようになりますが、そのままでは筋肉や体力が落ちる一方。猫の体に負担のない範囲で遊び、食欲増進やストレス解消につなげましょう。また、世話を焼き過ぎると猫が動かず、老化を早めます。できる限り猫が自分でできるよう、環境を工夫するなどのサポートを大切にしましょう。

老猫の健康チェック

月に1回、体重を量りましょう。食事は変わっていないのに急に体重が15％以上減少したら、腎臓や甲状腺の病気の恐れもあるので病院へ。肥満は心臓や足腰への負担、糖尿病（→P162）や感染病などを招くので、食事や運動でケアを。

上下運動は
足腰を痛めるので
猫じゃらしで遊んで

各種サービスの利用

猫が寝たきりになってしまい、昼間ひとりにさせるのは不安という場合、ホテルや病院のデイケアやショートステイ、ペットシッターの訪問介護などが利用できます。

また、経済的理由や離婚、家族のアレルギーなどでどうしても猫の世話を見ることができない場合、終生ケアの施設やサービスなどに相談してみましょう。料金や環境などはさまざまなのでしっかりと確認を。

老猫のための環境づくり

老猫の体に負担がないよう、快適な環境を整えましょう。フローリングは滑りやすく転ぶこともあるので、カーペットや畳を敷くのもオススメ。

生活空間を狭め、スムーズに

ベッドの近くに食事場所とトイレを移動させ、動きが少なくて済む環境に。トイレは行きたくなったらすぐに行けるよう数を増やして。

浅いトイレなら弱った
足腰でも入りやすい

高い場所が好きな猫には
しっかりして上がりやすい
階段を付けて

心地よい寝床が選べるように

夏は涼しく、冬は暖かい場所にベッドを複数用意し、猫が快適な場所を選べるようにしましょう。床ずれ防止のクッションの活用も。

足腰の負担を軽くする

飛び降りる場所に座布団などを敷いたり、お気に入りの場所に楽に上がれるよう、スロープや踏み台を設置して負担の軽減を。

滑りにくい素材で
転落防止を

新しい子猫を飼うのも
ストレスになります

急激な変化を避ける

老猫にとって引っ越しや模様替え、リフォームは大きなストレス。視力が落ち、新しい家具の配置に慣れず、ケガすることもあります。

老猫のための食事

基礎代謝が低下し、筋肉量や運動量も減るので、若い頃と同じ食事では肥満になることも。老猫に合わせた食事内容と与え方にしましょう。

小分けで与え、食べやすく

1日の食事回数を増やし、少しずつ食べさせましょう。ドライをふやかす、やわらかい物を与えるなどして食べやすく（→P126）。

はむ
はむ
FOOD
WATER

かがむのがおっくうな場合
台の上にお皿を置くと食べやすい

腎臓機能が低下するので
タンパク質は控えめに
老猫用

老猫用フードに切り替える

肥満防止のため、タンパク質と脂肪を減らし、低カロリーのフードに。塩分は心臓や腎臓に負担をかけるので摂りすぎに注意。

新鮮な水をあちこちに置く

水を飲まないと脱水症状を起こすこともあるので、新鮮な水をたっぷりと用意しましょう。便秘の解消にもつながります。

いろんな場所に置けば
飲む機会も増えるよ

老猫のボディケア

自分でグルーミングしにくくなるのでサポートを。目・鼻・耳・口・おしりなどは汚れやすいので、お湯で絞ったタオルでこまめに拭いて清潔に。

シャンプーは体力を
消耗するので避けて

毎日やさしくブラッシング

被毛が薄くなるので力を入れずやさしく行います。血行促進の効果も。汚れが目立つ時は、温かい蒸しタオルで拭きましょう。

ケア方法は
P105を参考に

顔まわりをいつも清潔に

お湯に濡らして絞ったコットンで目ヤニやよだれを拭き取ります。指にガーゼを巻いて、歯や歯肉のケアもしましょう。

ケガをする前に爪のカットを

年をとると爪がさやの中に収まらず、爪とぎも減って伸びがちに。指や肉球に食い込む恐れもあるので、伸びていたら切りましょう。

足裏の毛が伸びると
滑りやすいので
こまめにチェックを

お別れの時

感謝を込めてお別れをし愛猫をきちんと見送ろう

どんなに大切にしていても、いつかは訪れる愛猫とのお別れ。猫が亡くなったら、獣医師に葬儀に関する情報や施設について聞いてみましょう。

また、死因が伝染病の場合は、衛生面の問題から、必ず自治体やペット霊園で火葬をしましょう。

遺体の清め方

お湯で絞ったタオルで全身を拭き、きれいにしましょう。死後2時間ほどで硬直するので、その前にまぶたを閉じ、手足を胸の方へやさしく曲げ、布やタオルでくるんでダンボールや木箱に納め、涼しい部屋に安置を。

夏は冷房を入れるか
頭部や腹部に保冷剤を
あてて冷やして

ペットロス症候群

愛猫の死のショックで食欲不振や不眠、疲労や喪失感などに襲われることも。見送りをきちんと行うことで、死を受け入れ、喪失感をやわらげることができます。1人で悩まず、悲しみを外に出すようにしましょう。

ズビー

友人やカウンセラーに
話を聞いてもらうのも効果的

供養の仕方

主に以下の３つの方法で供養をします。自治体やペット霊園によってシステムや料金が異なるので問い合わせを。

自分の所有地に埋葬する

自宅の庭などに 1m 以上の穴を掘り、土に還りやすいダンボールや木箱などの棺に、布や紙でくるんだ遺体を納めて埋めます。

1m
以上
穴が浅いとにおいがしたり野良犬に荒らされることもあるので注意

公園や森林など、所有地以外の公共の場に埋葬するのは違法行為になります。

ゴミと一緒に焼却する自治体もあるので事前に火葬方法を確認して

自治体の保健所・清掃局で火葬

ペット専用の火葬場や、自治体が契約しているペット霊園で行うなど、対応や料金はさまざま。遺骨は引き取れず、相場は 1,000 ～ 3,000 円。

ペット霊園で火葬する

他のペットと一緒に火葬する「合同葬」、遺体を個別に火葬する「個別葬」、個別葬に立ち合える「立ち合い葬」の３つがあります。

個別葬・立ち合い葬は遺骨が引き取れます

○×不動産
新しい家 ブブ気に入るかな～
猫は環境の変化に敏感だからね
最初はケージに入れて慣らすといいって
へ～
RRRR～
マユ？
えっ生まれそう!?
えっ
実家
大丈夫です
どうしよう
おちつきなって…
産箱
あ
生まれた～
に
にー
にー

友達が1匹
ほしいって
よかった〜
ありがとう！
加藤くんの
お店のお客さんも
ほしいって
にー
にー
この子はうちで
引き取ります
いずれ猫カフェでデビューします
ピンポーン
あとは
この子か…
にー？
あ…
張り紙見たの
里親募集
ブブを見てるうちに
息子がほしいって…
うわ〜
かわいい〜
うちで飼っても
いいかしら
にー
ええ 喜んで！
！
でも…
スッ

スッ
今は小さいけど
半年もしたら大きくなるよ
にー
ご飯やトイレの
世話も毎日必要だよ
お姉ちゃん…
それでも
ちゃんと飼える？
コクリ
うん!!
絶対 大事にする!!
ありがとう
よろしくね
わぁーーっ!
よかったね

子猫の世話は…
はいっ
猫のおかげでいろんな人に会えたね
そうだね
私もこの間動物病院で会った人が…
ゴロゴロ
猫を飼い始めて家族の会話が増えたそうよ
会社の同僚も猫のおかげで頑張れるって
ただいまー
にゃー
猫カフェでお友達ができる人もいますよ
ワイワイ
新しく生まれてきた子もこれまで一緒にいてくれた子もみんな大切にしたいね
大切な家族だもんね
ありがとう

[監修] 淺井 亮太（もりやま犬と猫の病院 院長）

1974 年生まれ、愛知県出身。日本大学農獣医学部・酪農学園大学獣医学部卒業。日本野生動物医学会・日本生物教育学会・日本小動物歯科研究会・日本動物病院福祉協会個人・日本獣医皮膚科学会・中部小動物臨床研究会会員。愛知の救急医療を行っている動物病院で勤務後、2007 年に「もりやま犬と猫の病院」を設立。

[取材協力]

もりやま犬と猫の病院　http://www.moriyama1299.com/
猫カフェ ねこまんま　http://www.neko-manma.jp/
ペットショップ ワンラブ　http://www.pet-onelove.com/

[参考文献]

はじめてのネコ 飼い方・しつけ方（日本文芸社）／かわいい猫の飼い方・しつけ方（ナツメ社）／知っておきたいネコの気持ち（西東社）／ネコの本当の気持ちがわかる本（ナツメ社）／しぐさでわかる ネコの健康と病気（主婦と生活社）／うちの猫との暮らし 悩み解決！（学研パブリッシング） 他

※本書は 2012 年に小社より発刊した「猫ゴコロ」を文庫化したものです

気持ちが分かればにゃんと幸せ！

猫ゴコロ

2015 年 1 月 25 日　初版
2025 年 3 月 9 日　再版

監修
淺井 亮太（もりやま犬と猫の病院）

イラスト
ねこまき（ms-work）

カバーデザイン
平井 秀和（Peace Graphics）

編集人
伊藤 光恵（リベラル社）

編集・本文デザイン
渡辺 靖子（リベラル社）

編　集　リベラル社
発行者　隅田直樹
発行所　リベラル社
〒460-0008
名古屋市中区栄3-7-9 新鏡栄ビル8F
TEL 052-261-9101
FAX 052-261-9134
http://liberalsya.com

発　売　株式会社 星雲社（共同出版社・流通責任出版社）
〒112-0005
東京都文京区水道1-3-30
TEL 03-3868-3275

ISBN978-4-434-20092-2　C0177　422003